T0193321

Motorsteuerung lernen

Die Steuerung moderner Otto- und Dieselmotoren macht einen stetig steigenden Anteil an Fahrzeugelektronik erforderlich, um die hohen Forderungen nach einer Reduzierung der Emissionen zu erfüllen. Um die Funktion der Fahrzeugantriebe und das Zusammenwirken der Komponenten und Systeme richtig zu verstehen, ist daher ein Fundus an Informationen von deren Grundlagen bis zur Arbeitsweise erforderlich. In diesem Heft „Diesel-Einspritzsysteme Unit Injector System und Unit Pump System" stellt Motorsteuerung lernen die zum Verständnis erforderlichen Grundlagen bereit. Es bietet den raschen und sicheren Zugriff auf diese Informationen und erklärt diese anschaulich, systematisch und anwendungsorientiert.

Weitere Bände in der Reihe http://www.springer.com/series/13472

Konrad Reif
(Hrsg.)

Diesel-Einspritzsysteme Unit Injector System und Unit Pump System

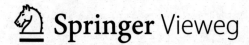 Springer Vieweg

Hrsg.
Konrad Reif
Duale Hochschule Baden-Württemberg Ravensburg
Campus Friedrichshafen
Friedrichshafen, Deutschland

ISSN 2364-6349
Motorsteuerung lernen
ISBN 978-3-658-27865-6

Die Deutsche Nationalbibliothek verzeichnet diese Publikation in der Deutschen Nationalbibliografie; detaillierte bibliografische Daten sind im Internet über http://dnb.d-nb.de abrufbar.

Verantwortlich im Verlag: Markus Braun
Springer Vieweg ist ein Imprint der eingetragenen Gesellschaft Springer Fachmedien Wiesbaden GmbH und ist ein Teil von Springer Nature
Die Anschrift der Gesellschaft ist: Abraham-Lincoln-Str. 46, 65189 Wiesbaden, Germany

Vorwort

Die beständige, jahrzehntelange Vorwärtsentwicklung der Fahrzeugtechnik zwingt den Fachmann dazu, mit dieser Entwicklung Schritt zu halten. Dies gilt nicht nur für junge Leute in der Ausbildung und die Ausbilder selbst, sondern auch für jeden, der schon länger auf dem Gebiet der Fahrzeugtechnik und -elektronik arbeitet. Dabei nimmt neben den klassischen Gebieten Fahrzeug- und Motorentechnik die Elektronik eine immer wichtigere Rolle ein. Die Aus- und Weiterbildungsangebote müssen dem Rechnung tragen, genauso wie die Studienangebote.

Der Fachlehrgang „Motorsteuerung lernen" nimmt auf diesen Bedarf Bezug und bietet mit zehn Einzelthemen einen leichten Einstieg in das wichtige und umfangreiche Gebiet der Steuerung von Diesel- und Ottomotoren. Eine fachlich fundierte und anwendungsorientierte Darstellung garantiert eine direkte Verwertbarkeit des Fachlehrgangs in der Praxis. Die leichte Verständlichkeit machen den Fachlehrgang für das Selbststudium besonders geeignet.

Der hier vorliegende Teil des Fachlehrgangs mit dem Titel „Diesel-Einspritzsysteme - Unit Injector System und Unit Pump System" behandelt die Einzeleinspritzsysteme Pumpe-Düse und Pumpe-Leitung-Düse. Dabei wird auf den Einbau, den Antrieb, die Arbeitsweise, das Kraftstoffsystem und die Regelung eingegangen. Außerdem werden die Abgasemissionen und die Diagnose behandelt. Dieser Teil des Fachlehrgangs entspricht dem gelben Heft „Diesel-Einspritzsysteme Unit Injector System und Unit Pump System" aus der Reihe Fachwissen-Kfz-Technik von Bosch.

Friedrichshafen, im Januar 2015   Konrad Reif

Inhaltsverzeichnis

Herausgeber

Prof. Dr.-Ing. Konrad Reif

Autoren und Mitwirkende

Dipl.-Ing. (HU) Carlos Alvarez-Avila,
Dipl.-Ing. Guilherme Bittencourt,
Dr. rer. nat. Carlos Blasco Remacha,
Dr.-Ing. Günter Dreidger,
Dipl.-Ing. Stefan Eymann,
Dipl.-Ing. Alessandro Fauda,
Dipl.-Ing. Dipl.-Wirtsch.-Ing. Matthias Hickl,
Dipl.-Ing. (FH) Andreas Hirt,
Dipl.-Ing. (FH) Guido Kampa
Dipl.-Betriebsw. Meike Keller,
Dr. rer. nat. Walter Lehle,
Dipl.-Ing. Rainer Merkle,
Dipl.-Ing. Roger Potschin,
Dr.-Ing. Ulrich Projahn,
Dr. rer. nat. Andreas Rebmann,
Dipl.-Ing. Walter Reinisch,
Dipl.-Ing. Nestor Rodriguez-Amaya,
Dipl.-Ing. Friedemann Weber,
Dipl.-Ing. (FH) Willi Weippert,
Dipl.-Ing. Ralf Wurm.

Soweit nicht anders angegeben,
handelt es sich um Mitarbeiter der
Robert Bosch GmbH.

Diesel-Einspritzsysteme im Überblick

Das Einspritzsystem spritzt den Kraftstoff unter hohem Druck, zum richtigen Zeitpunkt und in der richtigen Menge in den Brennraum ein. Wesentliche Komponenten des Einspritzsystems sind die Einspritzpumpe, die den Hochdruck erzeugt, sowie die Einspritzdüsen, die – außer beim Unit Injector System – über Hochdruckleitungen mit der Einspritzpumpe verbunden sind. Die Einspritzdüsen ragen in den Brennraum der einzelnen Zylinder.

Bei den meisten Systemen öffnet die Düse, wenn der Kraftstoffdruck einen bestimmten Öffnungsdruck erreicht und schließt, wenn er unter dieses Niveau abfällt. Nur beim Common Rail System wird die Düse durch eine elektronische Regelung fremdgesteuert.

Bauarten

Die Einspritzsysteme unterscheiden sich i. W. in der Hochdruckerzeugung und in der Steuerung von Einspritzbeginn und -dauer. Während ältere Systeme z. T. noch rein mechanisch gesteuert werden, hat sich heute die elektronische Regelung durchgesetzt.

Reiheneinspritzpumpen

Standard-Reiheneinspritzpumpen
Reiheneinspritzpumpen (Bild 1) haben je Motorzylinder ein Pumpenelement, das aus Pumpenzylinder (1) und Pumpenkolben (4) besteht. Der Pumpenkolben wird durch die in der Einspritzpumpe integrierte und vom Motor angetriebene Nockenwelle (7) in Förderrichtung (hier nach oben) bewegt und durch die Kolbenfeder (5) zurückgedrückt. Die einzelnen Pumpenelemente sind in Reihe angeordnet (daher der Name Reiheneinspritzpumpe).

Der Hub des Kolbens ist unveränderlich. Verschließt die Oberkante des Kolbens bei der Aufwärtsbewegung die Ansaugöffnung (2), beginnt der Hochdruckaufbau. Dieser Zeitpunkt wird Förderbeginn genannt. Der Kolben bewegt sich weiter aufwärts. Dadurch steigt der Kraftstoffdruck, die Düse öffnet und Kraftstoff wird eingespritzt.

Gibt die im Kolben schräg eingearbeitete Steuerkante (3) die Ansaugöffnung frei, kann Kraftstoff abfließen und der Druck bricht zusammen. Die Düsennadel schließt und die Einspritzung ist beendet.

Der Kolbenweg zwischen Verschließen und Öffnen der Ansaugöffnung ist der Nutzhub.

Bild 1

a Standard-Reiheneinspritzpumpe
b Hubschieber-Reiheneinspritzpumpe

1 Pumpenzylinder
2 Ansaugöffnung
3 Steuerkante
4 Pumpenkolben
5 Kolbenfeder
6 Verdrehweg durch Regelstange (Einspritzmenge)
7 Antriebsnocken
8 Hubschieber
9 Verstellweg durch Stellwelle (Förderbeginn)
10 Kraftstofffluss zur Einspritzdüse
X Nutzhub

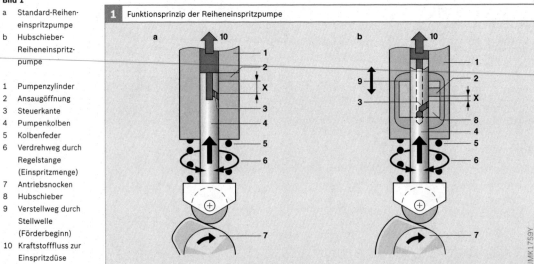

1 Funktionsprinzip der Reiheneinspritzpumpe

2 Funktionsprinzip der kantengesteuerten Axialkolben-Verteilereinspritzpumpen

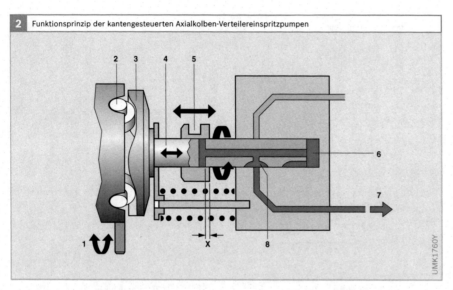

Bild 2
1 Spritzverstellerweg
  am Rollenring
2 Rolle
3 Hubscheibe
4 Axialkolben
5 Regelschieber
6 Hochdruckraum
7 Kraftstofffluss zur
  Einspritzdüse
8 Steuerschlitz
X Nutzhub

Je größer der Nutzhub ist, desto größer ist auch die Förder- bzw. Einspritzmenge.

Zur drehzahl- und lastabhängigen Steuerung der Einspritzmenge wird über eine Regelstange der Pumpenkolben verdreht. Dadurch verändert sich die Lage der Steuerkante relativ zur Ansaugöffnung und damit der Nutzhub. Die Regelstange wird durch einen mechanischen Fliehkraftregler oder ein elektrisches Stellwerk gesteuert.

Einspritzpumpen, die nach diesem Prinzip arbeiten, heißen „kantengesteuert".

Hubschieber-Reiheneinspritzpumpen
Die Hubschieber-Reiheneinspritzpumpe hat einen auf dem Pumpenkolben gleitenden Hubschieber (Bild 1, Pos. 8), mit dem der Vorhub - d. h. der Kolbenweg bis zum Verschließen der Ansaugöffnung - über eine Stellwelle verändert werden kann. Dadurch wird der Förderbeginn verschoben.

Hubschieber-Reiheneinspritzpumpen werden immer elektronisch geregelt. Einspritzmenge und Spritzbeginn werden nach berechneten Sollwerten eingestellt.

Bei der Standard-Reiheneinspritzpumpe hingegen ist der Spritzbeginn abhängig von der Motordrehzahl.

Verteilereinspritzpumpen
Verteilereinspritzpumpen haben nur ein Hochdruckpumpenelement für alle Zylinder (Bilder 2 und 3). Eine Flügelzellenpumpe fördert den Kraftstoff in den Hochdruckraum (6). Die Hochdruckerzeugung erfolgt durch einen Axialkolben (Bild 2, Pos. 4) oder mehrere Radialkolben (Bild 3, Pos. 4). Ein rotierender zentraler Verteilerkolben öffnet und schließt Steuerschlitze (8) und Steuerbohrungen und verteilt so den Kraftstoff auf die einzelnen Motorzylinder. Die Einspritzdauer wird über einen Regelschieber (Bild 2, Pos. 5) oder über ein Hochdruckmagnetventil (Bild 3, Pos. 5) geregelt.

Axialkolben-Verteilereinspritzpumpen
Eine rotierende Hubscheibe (Bild 2, Pos. 3) wird vom Motor angetrieben. Die Anzahl der Nockenerhebungen auf der Hubscheibenunterseite entspricht der Anzahl der Motorzylinder. Sie wälzen sich auf den Rollen (2) des Rollenrings ab und bewirken dadurch beim Verteilerkolben zusätzlich zur Drehbewegung eine Hubbewegung. Während einer Umdrehung der Antriebswelle macht der Kolben so viele Hübe, wie Motorzylinder zu versorgen sind.

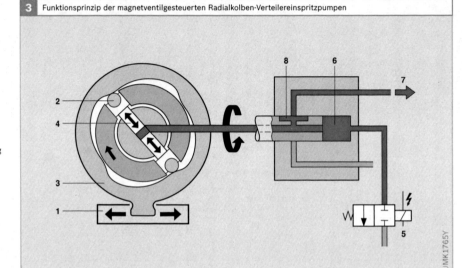

3 Funktionsprinzip der magnetventilgesteuerten Radialkolben-Verteilereinspritzpumpen

Bild 3
1 Spritzverstellerweg
  am Nockenring
2 Rolle
3 Nockenring
4 Radialkolben
5 Hochdruck-
  magnetventil
6 Hochdruckraum
7 Kraftstofffluss zur
  Einspritzdüse
8 Steuerschlitz

Bei der kantengesteuerten Axialkolben-Verteilereinspritzpumpe mit mechanischem Fliehkraft-Drehzahlregler oder elektronisch geregeltem Stellwerk bestimmt ein Regelschieber (5) den Nutzhub und dosiert dadurch die Einspritzmenge.

Ein Spritzversteller verstellt den Förderbeginn der Pumpe durch Verdrehen des Rollenrings.

Radialkolben-Verteilereinspritzpumpen
Die Hochdruckerzeugung erfolgt durch eine Radialkolbenpumpe mit Nockenring (Bild 3, Pos. 3) und zwei bis vier Radialkolben (4). Mit Radialkolbenpumpen können höhere Einspritzdrücke erzielt werden als mit Axialkolbenpumpen. Sie müssen jedoch eine höhere mechanische Festigkeit aufweisen.

Der Nockenring kann durch den Spritzversteller (1) verdreht werden, wodurch der Förderbeginn verschoben wird. Einspritzbeginn und Einspritzdauer sind bei der Radialkolben-Verteilereinspritzpumpe ausschließlich magnetventilgesteuert.

Magnetventilgesteuerte Verteilereinspritzpumpen
Bei magnetventilgesteuerten Verteilereinspritzpumpen dosiert ein elektronisch gesteuertes Hochdruckmagnetventil (5) die Einspritzmenge und verändert den Einspritzbeginn. Ist das Magnetventil geschlossen, kann sich im Hochdruckraum (6) Druck aufbauen. Ist es geöffnet, entweicht der Kraftstoff, sodass kein Druck aufgebaut und dadurch nicht eingespritzt werden kann. Ein oder zwei elektronische Steuergeräte (Pumpen- und ggf. Motorsteuergerät) erzeugen die Steuer- und Regelsignale.

Einzeleinspritzpumpen PF
Die vor allem für Schiffsmotoren, Diesellokomotiven, Baumaschinen und Kleinmotoren eingesetzten Einzeleinspritzpumpen PF (Pumpe mit Fremdantrieb) werden direkt von der Motornockenwelle angetrieben. Die Motornockenwelle hat – neben den Nocken für die Ventilsteuerung des Motors – Antriebsnocken für die einzelnen Einspritzpumpen.

Die Arbeitsweise der Einzeleinspritzpumpe PF entspricht ansonsten im Wesentlichen der Reiheneinspritzpumpe.

Unit Injector System UIS

Beim Unit Injector System, UIS (auch Pumpe-Düse-Einheit, PDE, genannt), bilden die Einspritzpumpe und die Einspritzdüse eine Einheit (Bild 4). Pro Motorzylinder ist ein Unit Injector in den Zylinderkopf eingebaut. Er wird von der Motornockenwelle entweder direkt über einen Stößel oder indirekt über Kipphebel angetrieben.

Durch die integrierte Bauweise des Unit Injectors entfällt die bei anderen Einspritzsystemen erforderlich Hochdruckleitung zwischen Einspritzpumpe und Einspritzdüse. Dadurch kann das Unit Injector System auf einen wesentlich höheren Einspritzdruck ausgelegt werden. Der maximale Einspritzdruck liegt derzeit bei 2200 bar.

Das Unit Injector System wird elektronisch gesteuert. Einspritzbeginn und -dauer werden von einem Steuergerät berechnet und über ein Hochdruckmagnetventil gesteuert.

Unit Pump System UPS

Das Unit Pump System, UPS (auch Pumpe-Leitung-Düse, PLD, genannt), arbeitet nach dem gleichen Verfahren wie das Unit Injector System (Bild 5). Im Gegensatz zum Unit Injector System sind hier jedoch die Düsenhalterkombination (2) und die Einspritzpumpe über eine kurze Hochdruckleitung (3) miteinander verbunden. Die Trennung von Hochdruckerzeugung und Düsenhalterkombination erlaubt einen einfacheren Anbau am Motor. Je Motorzylinder ist eine Einspritzeinheit (Einspritzpumpe, Leitung und Düsenhalterkombination) eingebaut. Sie wird von der Nockenwelle des Motors (6) angetrieben.

Auch beim Unit Pump System werden Einspritzdauer und Einspritzbeginn mit einem schnell schaltenden Hochdruckmagnetventil (4) elektronisch geregelt.

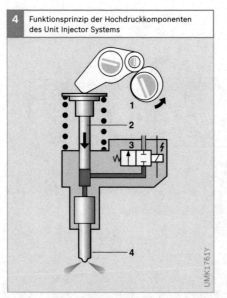

4 Funktionsprinzip der Hochdruckkomponenten des Unit Injector Systems

UMK1761Y

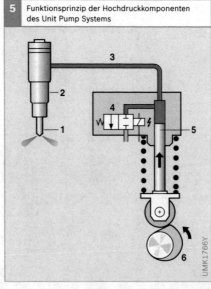

5 Funktionsprinzip der Hochdruckkomponenten des Unit Pump Systems

UMK1766Y

Bild 4

1 Antriebsnocken
2 Pumpenkolben
3 Hochdruck-
  magnetventil
4 Einspritzdüse

Bild 5

1 Einspritzdüse
2 Düsenhalter-
  kombination
3 Hochdruckleitung
4 Hochdruck-
  magnetventil
5 Pumpenkolben
6 Antriebsnocken

Common Rail System CRS

Beim Hochdruckspeicher-Einspritzsystem Common Rail sind Druckerzeugung und Einspritzung voneinander entkoppelt. Dies geschieht mithilfe eines Speichervolumens, das sich aus der gemeinsamen Verteilerleiste (Common Rail) und den Injektoren zusammensetzt (Bild 6). Der Einspritzdruck wird weitgehend unabhängig von Motordrehzahl und Einspritzmenge von einer Hochdruckpumpe erzeugt. Das System bietet damit eine hohe Flexibilität bei der Gestaltung der Einspritzung.

Das Druckniveau liegt derzeit bei bis zu 2200 bar.

Funktionsweise

Eine Vorförderpumpe fördert Kraftstoff über ein Filter mit Wasserabscheider zur Hochdruckpumpe. Die Hochdruckpumpe sorgt für den permanent erforderlichen hohen Kraftstoffdruck im Rail.

Einspritzzeitpunkt und Einspritzmenge sowie Raildruck werden in der elektronischen Dieselregelung (EDC, Electronic Diesel Control) abhängig vom Betriebszustand des Motors und den Umgebungsbedingungen berechnet.

Die Dosierung des Kraftstoffs erfolgt über die Regelung von Einspritzdauer und Einspritzdruck. Über das Druckregelventil, das überschüssigen Kraftstoff zum Kraftstoffbehälter zurückleitet, wird der Druck geregelt. In einer neueren CR-Generation wird die Dosierung mit einer Zumesseinheit im Niederdruckteil vorgenommen, welche die Förderleistung der Pumpe regelt.

Der Injektor ist über kurze Zuleitungen ans Rail angeschlossen. Bei früheren CR-Generationen kommen Magnetventil-Injektoren zum Einsatz, während beim neuesten System Piezo-Inline-Injektoren verwendet werden. Bei ihnen sind die bewegten Massen und die innere Reibung reduziert, wodurch sich sehr kurze Abstände zwischen den Einspritzungen realisieren lassen. Dies wirkt sich positiv auf die Emissionen aus.

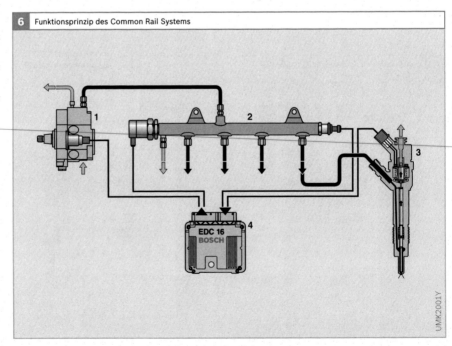

6 Funktionsprinzip des Common Rail Systems

UMK2001Y

Bild 6

1 Hochdruckpumpe
2 Rail
3 Injektor
4 EDC-Steuergerät

▶ Diesel-Einspritzsysteme im Überblick

Einsatzgebiete

Dieselmotoren zeichnen sich durch ihre hohe Wirtschaftlichkeit aus. Seit dem Produktionsbeginn der ersten Serien-Einspritzpumpe von Bosch im Jahre 1927 werden die Einspritzsysteme ständig weiterentwickelt.

Dieselmotoren werden in vielfältigen Ausführungen eingesetzt, z. B. als
▶ Antrieb für mobile Stromerzeuger (bis ca. 10 kW/Zylinder),
▶ schnell laufende Motoren für Pkw und leichte Nkw (bis ca. 50 kW/Zylinder),
▶ Motoren für Bau-, Land- und Forstwirtschaft (bis ca. 50 kW/Zylinder),
▶ Motoren für schwere Nkw, Busse und Schlepper (bis ca. 80 kW/Zylinder),
▶ Stationärmotoren, z. B. für Notstromaggregate (bis ca. 160 kW/Zylinder),
▶ Motoren für Lokomotiven und Schiffe (bis zu 1000 kW/Zylinder).

Anforderungen

Schärfer werdende Vorschriften für Abgas- und Geräuschemissionen und der Wunsch nach niedrigerem Kraftstoffverbrauch stellen immer neue Anforderungen an die Einspritzanlage eines Dieselmotors.

Grundsätzlich muss die Einspritzanlage den Kraftstoff für eine gute Gemischaufbereitung je nach Diesel-Verbrennungsverfahren (Direkt- oder Indirekteinspritzung) und Betriebszustand mit hohem Druck (heute zwischen 350 und 2200 bar) in den Brennraum des Dieselmotors einspritzen und dabei die Einspritzmenge mit der größtmöglichen Genauigkeit dosieren. Die Last- und Drehzahlregelung des Dieselmotors wird über die Kraftstoffmenge ohne Drosselung der Ansaugluft vorgenommen.

Die mechanische Regelung für Diesel-Einspritzsysteme wird zunehmend durch die Elektronische Dieselregelung (EDC) verdrängt. Im Pkw und Nkw werden die neuen Dieseleinspritzsysteme ausschließlich durch EDC geregelt.

Anwendungsgebiete der Bosch-Diesel-Einspritzsysteme

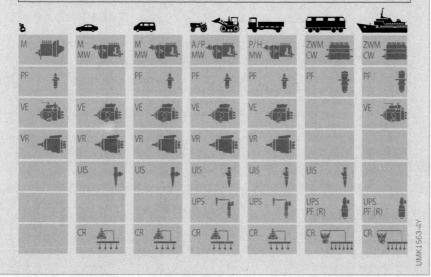

M, MW,
A, P, H,
ZWM,
CW Reiheneinspritzpumpen mit ansteigender Baugröße
PF Einzeleinspritzpumpen
VE Axialkolben-Verteilereinspritzpumpen
VR Radialkolben-Verteilereinspritzpumpen
UIS Unit Injector System
UPS Unit Pump System
CR Common Rail System

UMK1563-4Y

Systemübersicht der Einzelzylinder-Systeme

Dieselmotoren mit Einzelzylinder-Syste-
men haben für jeden Motorzylinder eine
Einspritzeinheit. Diese Einspritzeinhei-
ten lassen sich gut an den entsprechenden
Motor anpassen. Die kurzen Einspritzleitungen ermöglichen ein besonders
gutes Einspritzverhalten und die höchsten Einspritzdrücke.

Ständig steigende Anforderungen haben
zur Entwicklung verschiedener Diesel-
einspritzsysteme geführt, die auf die jeweiligen Erfordernisse abgestimmt sind.
Moderne Dieselmotoren sollen schadstoffarm und wirtschaftlich arbeiten, hohe Leis-
tungen und hohe Drehmomente erreichen
und dabei leise sein.

Grundsätzlich werden bei Einzelzylinder-
Systemen drei verschiedene Bauarten
unterschieden: die kantengesteuerten
Einzeleinspritzpumpen PF und die magnetventilgesteuerten Unit Injector und Unit
Pump Systeme. Diese Bauarten unterscheiden sich nicht nur in ihrem Aufbau, sondern
auch in ihren Leistungsdaten und ihren
Anwendungsgebieten (Bild 1).

Einzeleinspritzpumpen PF

Anwendung
Die Einzeleinspritzpumpen PF sind besonders wartungsfreundlich. Sie werden im
„Off Highway"-Bereich eingesetzt:
▸ Einspritzpumpen für Dieselmotoren
von 4...75 kW/Zylinder für kleine Baumaschinen, Pumpen, Traktoren und Strom-
aggregate und
▸ Einspritzpumpen für Großmotoren ab
75 kW/Zylinder bis zu einer Zylinderleis-
tung von 1000 kW. Diese Pumpen ermöglichen die Förderung von Dieselkraftstoff
und von Schweröl mit hoher Viskosität.

Aufbau und Arbeitsweise
Die Einzeleinspritzpumpen PF haben die
gleiche Arbeitsweise wie die Reiheneinspritzpumpen PE. Sie haben ein Pumpenelement, bei dem die Einspritzmenge über
eine Steuerkante verändert werden kann.
    Die Einzeleinspritzpumpen werden
mit je einem Flansch am Motor befestigt
und von der Nockenwelle für die Ventilsteuerung des Motors angetrieben. Daher
leitet sich die Bezeichnung Pumpe mit

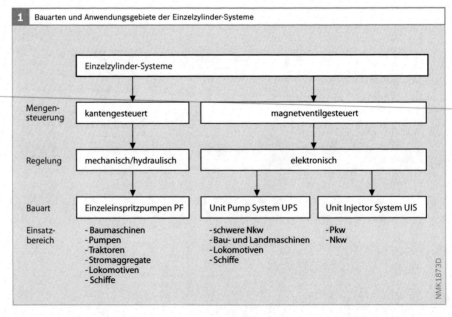

1   Bauarten und Anwendungsgebiete der Einzelzylinder-Systeme

NMK1873D

Fremdantrieb PF ab. Sie werden auch Steck-pumpen genannt.

Kleine PF-Einspritzpumpen gibt es auch in 2-, 3- und 4-Zylinder-Versionen. Die übliche Bauweise ist jedoch die Einzylinder-Version, die als Einzeleinspritzpumpe bezeichnet wird.

Regelung

Wie bei den Reiheneinspritzpumpen greift eine im Motor integrierte Regelstange in das Pumpenelement der Einspritzpumpen ein. Ein Regler verschiebt die Regelstange und verändert so die Förder- bzw. Einspritzmenge.

Bei Großmotoren ist der Regler unmittelbar am Motorgehäuse befestigt. Dabei finden mechanisch-hydraulische, elektronische oder seltener rein mechanische Regler Verwendung.

Zwischen die Regelstange der Einzeleinspritzpumpen und das Übertragungsgestänge zum Regler ist bei großen PF-Pumpen ein federndes Zwischenglied geschaltet, sodass die Regelung der übrigen Pumpen bei einem eventuellen Blockieren

des Verstellmechanismus einer einzelnen Pumpe gewährleistet bleibt.

Kraftstoffversorgung

Der Kraftstoff wird durch eine Zahnrad-Vorförderpumpe den Einzeleinspritzpumpen zugeführt. Diese fördert eine etwa 3…5-mal so große Menge Kraftstoff wie die maximale Vollllastfördermenge aller Einspritzpumpen. Der Kraftstoffdruck beträgt etwa 3…10 bar.

Eine Filterung des Kraftstoffs durch Feinfilter mit Porengrößen von 5…30 µm hält Partikel vom Einspritzsystem fern. Diese könnten sonst zu einem vorzeitigen Verschleiß der hochpräzisen Bauteile des Einspritzsystems führen.

Einsatz im Common Rail System

Einzeleinspritzpumpen werden auch als Hochdruckpumpen für Common Rail Systeme der 2. und 3. Generation für Truck- und Off-Highway-Applikationen verwendet und weiterentwickelt. Bild 2 zeigt den Einsatz der PF 45 in einem Common Rail System für einen Sechzylinder-Motor.

2 PF 45 in Common Rail System

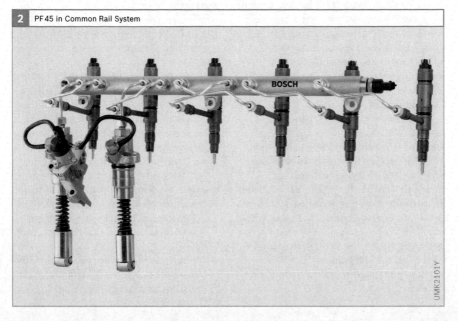

UMK2101Y

Unit Injector System UIS und Unit Pump System UPS

Die Einspritzsysteme Unit Injector System UIS und Unit Pump System UPS erreichen im Vergleich zu den anderen Dieseleinspritzsystemen derzeit die höchsten Einspritzdrücke. Sie ermöglichen eine präzise Einspritzung, die optimal an den jeweiligen Betriebszustand des Motors angepasst werden kann. Damit ausgerüstete Dieselmotoren arbeiten schadstoffarm, wirtschaftlich und leise und erreichen dabei eine hohe Leistung und ein hohes Drehmoment.

Anwendungsgebiete

Unit Injector System UIS
Das Unit Injector System (auch Pumpe-Düse-Einheit PDE genannt) ging 1994 für Nkw und 1998 für Pkw in Serie. Es ist ein Einspritzsystem mit zeitgesteuerten Einzeleinspritzpumpen für Motoren mit Diesel-Direkteinspritzung (DI). Dieses System bietet eine deutlich höhere Flexibilität zur Anpassung des Einspritzsystems an den Motor als konventionelle kantengesteuerte Systeme. Es deckt ein weites Spektrum moderner Dieselmotoren für Pkw und Nkw ab:

▶ *Pkw* und *leichte Nkw:* Einsatzbereiche von Dreizylinder-Motoren mit 1,2 l Hubraum, 45 kW (61 PS) Leistung und 195 Nm Drehmoment bis hin zu 10-Zylinder-Motoren mit 5 l Hubraum, 230 kW (312 PS) Leistung und 750 Nm Drehmoment.
▶ *Schwere Nkw* bis 80 kW/Zylinder.

Da keine Hochdruckleitungen notwendig sind, hat der Unit Injector ein besonders gutes hydraulisches Verhalten. Deshalb lassen sich mit diesem System die höchsten Einspritzdrücke erzielen (bis zu 2200 bar). Beim Unit Injector System für Pkw ist eine mechanisch-hydraulische Voreinspritzung realisiert. Das Unit Injector System für Nkw bietet die Möglichkeit einer Voreinspritzung im unteren Drehzahl- und Lastbereich.

Unit Pump System UPS
Das Unit Pump System wird auch Pumpe-Leitung-Düse PLD genannt. Auch die Bezeichnung PF..MV wurde bei Großmotoren verwendet.

Das Unit Pump System ist wie das Unit Injector System ein Einspritzsystem mit zeitgesteuerten Einzeleinspritzpumpen für Motoren mit Diesel-Direkteinspritzung (DI). Es wird in folgenden Bauformen eingesetzt:

▶ UPS 12 für Nkw-Motoren mit bis zu 6 Zylindern und 37 kW/Zylinder,
▶ UPS 20 für schwere Nkw-Motoren mit bis zu 8 Zylindern und 65 kW/Zylinder,
▶ SP (Steckpumpe) für schwere Nkw-Motoren mit bis zu 18 Zylindern und 92 kW/Zylinder,
▶ SPS (Steckpumpe small) für Nkw-Motoren mit bis zu 6 Zylindern und 40 kW/Zylinder,
▶ UPS für Motoren in Bau- und Landmaschinen, Lokomotiven und Schiffen im Leistungsbereich bis 500 kW/Zylinder und bis zu 20 Zylindern.

Aufbau

Systembereiche
Das Unit Injector System und das Unit Pump System bestehen aus vier Systembereichen (Bild 3):

▶ Die *Elektronische Dieselregelung EDC* mit den Systemblöcken Sensoren, Steuergerät und Stellglieder (Aktoren) umfasst die gesamte Steuerung und Regelung des Dieselmotors sowie alle elektrischen und elektronischen Schnittstellen.
▶ Die *Kraftstoffversorgung* (Niederdruckteil) stellt den Kraftstoff mit dem notwendigen Druck und Reinheit zur Verfügung.
▶ Der *Hochdruckteil* erzeugt den erforderlichen Einspritzdruck und spritzt den Kraftstoff in den Brennraum des Motors ein.
▶ Die *Luft- und Abgassysteme* umfassen die Luftversorgung, die Abgasrückführung und die Abgasnachbehandlung.

Unterschiede
Der wesentliche Unterschied zwischen dem Unit Injector System und dem Unit Pump System besteht im motorischen Aufbau (Bild 4).

Beim *Unit Injector System* bilden Hochdruckpumpe und Einspritzdüse eine Einheit – den „Unit Injector". Für jeden Motorzylinder ist ein Injektor in den Zylinder eingebaut. Da keine Einspritzleitungen vorhanden sind, können sehr hohe Einspritz-

drücke und ein sehr guter Einspritzverlauf erreicht werden.

Beim *Unit Pump System* sind die Hochdruckpumpe – die „Unit Pump" – und die Düsenhalterkombination getrennte Baugruppen, die durch eine kurze Hochdruckleitung miteinander verbunden sind. Dadurch ergeben sich Vorteile bei der Anordnung im Motorraum, beim Pumpenantrieb und beim Kundendienst.

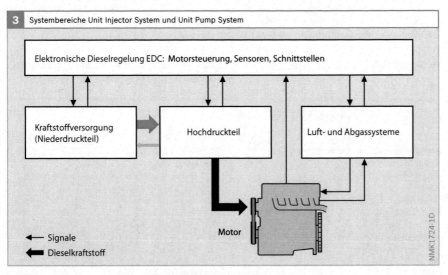

3 Systembereiche Unit Injector System und Unit Pump System

Elektronische Dieselregelung EDC: Motorsteuerung, Sensoren, Schnittstellen

Kraftstoffversorgung (Niederdruckteil)

Hochdruckteil

Luft- und Abgassysteme

Motor

← Signale
← Dieselkraftstoff

NMK1724-1D

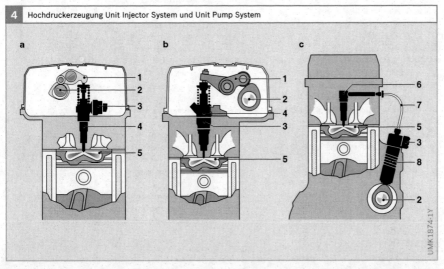

4 Hochdruckerzeugung Unit Injector System und Unit Pump System

a

b

c

1
2
3
4
5

1
2
4
3
5

6
7
5
3
8
2

UMK1874-1Y

Bild 4
a Unit Injector System für Pkw
b Unit Injector System für Nkw
c Unit Pump System für Nkw

1 Kipphebel
2 Nockenwelle
3 Hochdruckmagnetventil
4 Unit Injector
5 Brennraum des Motors
6 Düsenhalterkombination
7 kurze Hochdruckleitung
8 Unit Pump

Systembild UIS für Pkw

Bild 5 zeigt alle Komponenten eines Unit Injector Systems für einen Zehnzylinder-Pkw-Dieselmotor mit Vollausstattung. Je nach Fahrzeugtyp und Einsatzart kommen einzelne Komponenten nicht zur Anwendung.

Um eine übersichtlichere Darstellung zu erhalten, sind die Sensoren und Sollwertgeber (A) nicht an ihrem Einbauort dargestellt. Ausnahme bilden die Komponenten der Abgasnachbehandlung (F), da ihre Einbauposition zum Verständnis der Anlage notwendig ist.

Über den CAN-Bus im Bereich „Schnittstellen" (B) ist der Datenaustausch zu den verschiedensten Bereichen möglich:
▶ Starter,
▶ Generator,
▶ elektronische Wegfahrsperre,
▶ Getriebesteuerung,
▶ Antriebsschlupfregelung ASR und
▶ Elektronisches Stabilitäts-Programm ESP.

Auch das Kombiinstrument (12) und die Klimaanlage (13) können über den CAN-Bus angeschlossen sein.

Für die Abgasnachbehandlung werden drei mögliche Kombinationssysteme aufgeführt (a, b oder c).

Bild 5

Motor, Motorsteuerung und Hochdruck-Einspritzkomponenten
24 Verteilerrohr
25 Nockenwelle
26 Unit Injector
27 Glühstiftkerze
28 Dieselmotor (DI)
29 Motorsteuergerät (Master)
30 Motorsteuergerät (Slave)
M Drehmoment

A Sensoren und Sollwertgeber
1 Fahrpedalsensor
2 Kupplungsschalter
3 Bremskontakte (2)
4 Bedienteil für Fahrgeschwindigkeitsregler
5 Glüh-Start-Schalter („Zündschloss")
6 Fahrgeschwindigkeitssensor
7 Kurbelwellendrehzahlsensor (induktiv)
8 Motortemperatursensor (im Kühlmittelkreislauf)
9 Ansauglufttemperatursensor
10 Ladedrucksensor
11 Heißfilm-Luftmassenmesser (Ansaugluft)

B Schnittstellen
12 Kombiinstrument mit Signalausgabe für Kraftstoffverbrauch, Drehzahl usw.
13 Klimakompressor mit Bedienteil
14 Diagnoseschnittstelle
15 Glühzeitsteuergerät
CAN Controller Area Network
    (serieller Datenbus im Kraftfahrzeug)

C Kraftstoffversorgung (Niederdruckteil)
16 Kraftstofffilter mit Überströmventil
17 Kraftstoffbehälter mit Vorfilter und Elektrokraftstoffpumpe EKP (Vorförderpumpe)
18 Füllstandsensor
19 Kraftstoffkühler
20 Druckbegrenzungsventil

D Additivsystem
21 Additivdosiereinheit
22 Additivtank

E Luftversorgung
31 Abgasrückführkühler
32 Ladedrucksteller
33 Abgasturbolader (hier mit variabler Turbinengeometrie VTG)
34 Saugrohrklappe
35 Abgasrückführsteller
36 Unterdruckpumpe

F Abgasnachbehandlung
38 Breitband-Lambda-Sonde LSU
39 Abgastemperatursensor
40 Oxidationskatalysator
41 Partikelfilter
42 Differenzdrucksensor
43 NO_x-Speicherkatalysator
44 Breitband-Lambda-Sonde, optional NO_x-Sensor

5 Diesel-Einspritzanlage für Pkw mit Unit Injector System

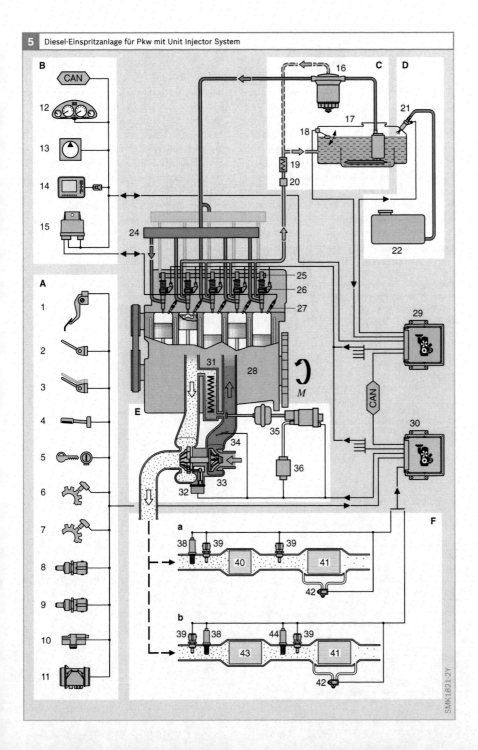

SMK1821-2Y

Systembild UIS/UPS für Nkw

Bild 6 zeigt alle Komponenten eines Unit Injector Systems für einen Sechszylinder-Nkw-Dieselmotor. Je nach Fahrzeugtyp und Einsatzart kommen einzelne Komponenten nicht zur Anwendung.

Die Bereiche der Elektronischen Dieselregelung EDC (Sensoren, Schnittstellen und Motorsteuerung), Kraftstoffversorgung, Luftversorgung und Abgasnachbehandlung sind beim Unit Injector und Unit Pump System sehr ähnlich. Sie unterscheiden sich lediglich im Hochdruckteil.

Um eine übersichtlichere Darstellung zu erhalten, sind nur die Sensoren und Sollwertgeber an ihrem Einbauort dargestellt, deren Einbauposition zum Verständnis der Anlage notwendig ist.

Über den CAN-Bus im Bereich „Schnittstellen" (B) ist der Datenaustausch zu den verschiedensten Bereichen möglich (z. B. Getriebesteuerung, Antriebsschlupfregelung ASR, Elektronisches Stabilitätsprogramm ESP, Ölgütesensor, Fahrtschreiber, Abstandsradar, Fahrzeugmanagement, Bremskoordinator, Flottenmanagement – bis zu 30 Steuergeräte). Auch der Generator (18) und die Klimaanlage (17) können über den CAN-Bus angeschlossen sein.

Für die Abgasnachbehandlung werden drei mögliche Kombinationssysteme aufgeführt (a, b oder c).

Bild 6

Motor, Motorsteuerung und Hochdruck-Einspritzkomponenten

22 Unit Pump und Düsenhalterkombination
23 Unit Injector
24 Nockenwelle
25 Kipphebel
26 Motorsteuergerät
27 Relais
28 Zusatzaggregate (z. B. Retarder, Auspuffklappe für Motorbremse, Starter, Lüfter)
29 Dieselmotor (DI)
30 Flammkerze (alternativ Grid-Heater)
M Drehmoment

A Sensoren und Sollwertgeber
1 Fahrpedalsensor
2 Kupplungsschalter
3 Bremskontakte (2)
4 Motorbremskontakt
5 Feststellbremskontakt
6 Bedienschalter (z. B. Fahrgeschwindigkeitsregler, Zwischendrehzahlregelung, Drehzahl- und Drehmomentreduktion)
7 Schlüssel-Start-Stopp („Zündschloss")
8 Turboladerdrehzahlsensor
9 Kurbelwellendrehzahlsensor (induktiv)
10 Nockenwellendrehzahlsensor
11 Kraftstofftemperatursensor
12 Motortemperatursensor (im Kühlmittelkreislauf)
13 Ladelufttemperatursensor
14 Ladedrucksensor
15 Lüfterdrehzahlsensor
16 Luftfilter-Differenzdrucksensor

B Schnittstellen
17 Klimakompressor mit Bedienteil
18 Generator
19 Diagnoseschnittstelle

20 SCR-Steuergerät
21 Luftkompressor
CAN Controller Area Network (serieller Datenbus im Kraftfahrzeug) (bis zu 3 Busse)

C Kraftstoffversorgung (Niederdruckteil)
31 Kraftstoffvorförderpumpe
32 Kraftstofffilter mit Wasserstands- und Drucksensoren
33 Steuergerätekühler
34 Kraftstoffbehälter mit Vorfilter
35 Füllstandsensor
36 Druckbegrenzungsventil

D Luftversorgung
37 Abgasrückführkühler
38 Regelklappe
39 Abgasrückführsteller mit Abgasrückführventil und Positionssensor
40 Ladeluftkühler mit Bypass für Kaltstart
41 Abgasturbolader (hier VTG) mit Positionssensor
42 Ladedrucksteller

E Abgasnachbehandlung
43 Abgastemperatursensor
44 Oxidationskatalysator
45 Differenzdrucksensor
46 katalytisch beschichteter Partikelfilter (CSF)
47 Rußsensor
48 Füllstandsensor
49 Reduktionsmitteltank
50 Reduktionsmittelförderpumpe
51 Reduktionsmitteldüse
52 NO_x-Sensor
53 SCR-Katalysator
54 NH_3-Sensor

6 Diesel-Einspritzanlage für Nkw mit Unit Injector System bzw. Unit Pump System

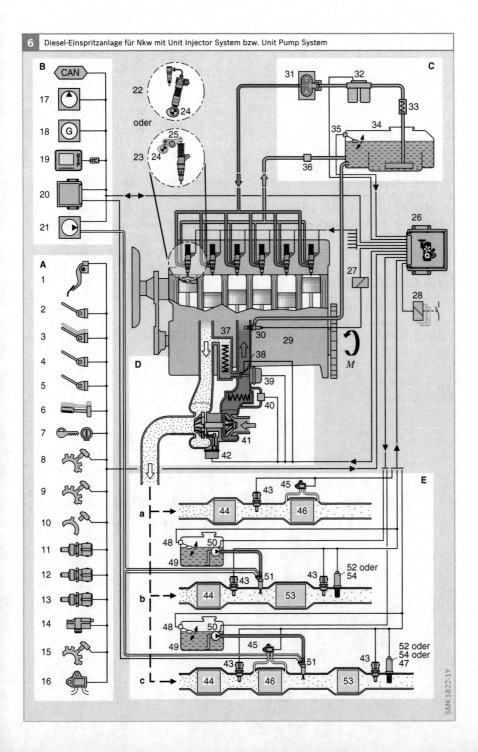

SMK1822-1Y

Unit Injector System UIS

Beim Unit Injector System (UIS) bilden Einspritzpumpe, Hochdruck-Magnetventil und Einspritzdüse eine Einheit. Das Unit Injector System wird daher auch Pumpe-Düse-Einheit (PDE) genannt. Die kompakte Bauweise – mit sehr kurzen, im Bauteil integrierten Hochdruckleitungen zwischen Pumpe und Einspritzdüse – erleichtert die Darstellung höherer Einspritzdrücke gegenüber anderen Einspritzsystemen, da das Schadvolumen [1] und damit die Kompressionsverluste geringer sind. Der Spitzendruck beim UIS variiert derzeit je nach Pumpentyp zwischen 1800 und 2200 bar.

Einbau und Antrieb

Je Motorzylinder ist ein Unit Injector direkt im Zylinderkopf eingebaut (Bild 1). Für Pkw gibt es zwei Ausführungen des Unit Injectors (UI-1, UI-2), die sich – bei gleicher Funktion – in ihrer Größe unterscheiden. Beim 2-Ventil-Motor wird der UI-1 mittels eines Spannklotzes mit einer Neigung von ca. 20° im Zylinderkopf des Motors fixiert. Beim 4-Ventil-Motor wird wegen des geringeren verfügbaren Bauraums der kleinere Injektor (UI-2) eingesetzt, der mit Dehnschrauben senkrecht im Zylinderkopf befestigt wird.

Die Motornockenwelle (2) hat für jeden Unit Injector einen Antriebsnocken. Der Nockenhub wird durch einen Kipphebel (1) auf den jeweiligen Pumpenkolben (6) übertragen. Der Einspritzverlauf wird durch die Form der Antriebsnocken beeinflusst. Diese sind so geformt, dass sich der Pumpenkolben beim Ansaugen des Kraftstoffs (Aufwärtsbewegung) langsamer bewegt als während der Einspritzung (Abwärtsbewegung), um einerseits ein unbeabsichtigtes Ansaugen von Luft zu verhindern und andererseits eine große Förderrate zu erreichen.

[1] Das Schadvolumen ist das Kraftstoffvolumen, das verdichtet wird

---

1   Einbau des Unit Injectors (Nkw)

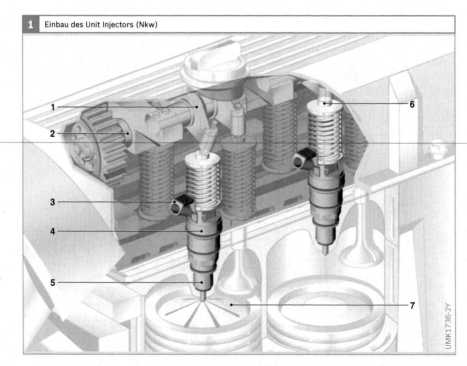

Bild 1
1   Kipphebel
2   Motornockenwelle
3   Stecker
4   Unit Injector
5   Einspritzdüse
6   Pumpenkolben
7   Brennraum
    des Motors

UMK1736-2Y

Die im Betrieb an der Nockenwelle angreifenden Kräfte regen diese zu Drehschwingungen an, wodurch Einspritzcharakteristik und Dosierung der Einspritzmenge beeinträchtigt werden. Eine steife Auslegung des Antriebs der Einzelpumpen (Antrieb der Nockenwelle, Nockenwelle, Kipphebel, Kipphebellagerung) ist zur Reduzierung dieser Schwingungen zwingend notwendig.

Da der Unit Injector im Zylinderkopf eingebaut ist, ist er hohen Temperaturen ausgesetzt. Zur Kühlung durchspült relativ kühler Kraftstoff den Injektor und fließt zum Niederdruckteil zurück.

Aufbau

Der Kraftstoffzulauf erfolgt beim UI für Pkw über rund 500 lasergebohrte Zulaufbohrungen in der Stahlhülse des Injektors. Durch die Bohrungen, die einen Durchmesser von weniger als 0,1 mm haben, wird der Kraftstoff im Zulauf gefiltert.

Der Körper des Unit Injectors dient als Pumpenzylinder. Die Einspritzdüse (Bild 2, Pos. 7) ist in den Schaft des Unit Injectors integriert. Schaft und Körper sind mittels einer Spannmutter (13) miteinander verbunden.

Die Rückstellfeder (1) drückt den Pumpenkolben gegen den Kipphebel (8) und diesen gegen den Antriebsnocken (9). Während des Betriebs wird dadurch ein ständiger Kontakt von Pumpenkolben, Kipphebel und Nocken gewährleistet.

Beim Unit Injector für Nkw ist das Magnetventil in den Injektor integriert. Beim UI für Pkw hingegen ist es aufgrund der kleineren Abmessungen des Injektors außen am Pumpenkörper angebracht.

Der Aufbau des Injektors für Pkw und Nkw ist auf den folgenden Seiten dargestellt.

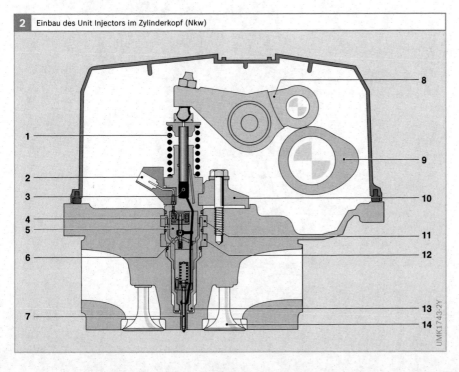

2 Einbau des Unit Injectors im Zylinderkopf (Nkw)

UMK1743-2Y

Bild 2

1 Rückstellfeder
2 Stecker
3 Hochdruckraum (Elementraum)
4 Magnetspule
5 Magnetventilkörper
6 Magnetventilnadel
7 Einspritzdüse
8 Kipphebel
9 Antriebsnocken
10 Spannelement
11 Kraftstoffrücklauf
12 Kraftstoffzulauf
13 Spannmutter
14 Gaswechselventil

3 Aufbau des Unit Injectors für Pkw (für Einsatz im 2-Ventil-Motor)

Bild 3

1 Kugelbolzen
2 Rückstellfeder
3 Pumpenkolben
4 Pumpenkörper
5 Stecker
6 Magnetkern
7 Ausgleichsfeder
8 Magnetventilnadel
9 Anker
10 Spule des Elektro-
   magneten
11 Kraftstoffrücklauf
12 Dichtung
13 Zulaufbohrungen
   (lasergebohrte
   Löcher als Filter)
14 hydraulischer An-
   schlag (Dämpfungs-
   einheit)
15 Nadelsitz
16 Dichtscheibe
17 Brennraum
   des Motors
18 Düsennadel
19 Spannmutter
20 integrierte Ein-
   spritzdüse
21 Zylinderkopf
   des Motors
22 Druckfeder
   (Düsenfeder)
23 Speicherkolben
   (Ausweichkolben)
24 Speicherraum
25 Hochdruckraum
   (Elementraum)
26 Magnetventilfeder

Beim 4-Ventil-Motor
steht der Unit Injector
senkrecht im Zylinder-
kopf.

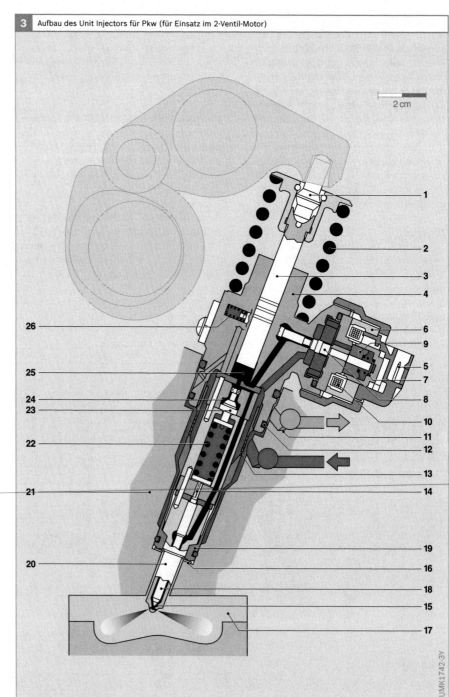

UMK1742-3Y

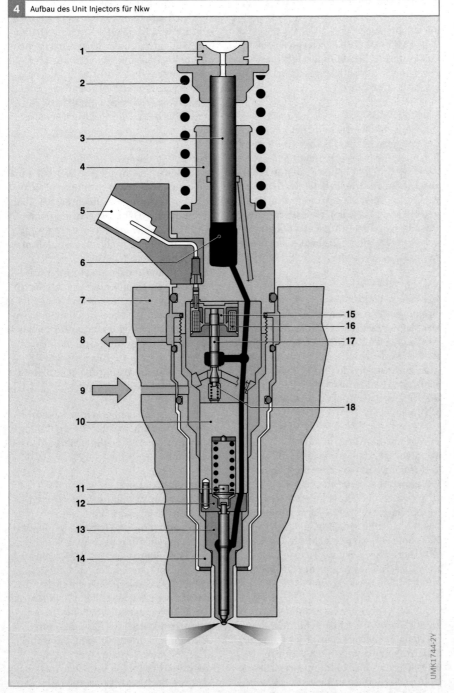

4 Aufbau des Unit Injectors für Nkw

Bild 4

1 Gleitscheibe
2 Rückstellfeder
3 Pumpenkolben
4 Pumpenkörper
5 Stecker
6 Hochdruckraum
   (Elementraum)
7 Zylinderkopf
   des Motors
8 Kraftstoffrücklauf
9 Kraftstoffzulauf
10 Federhalter
11 Druckbolzen
12 Zwischenscheibe
13 integrierte
   Einspritzdüse
14 Spannmutter
15 Anker
16 Spule des
   Elektromagneten
17 Magnetventilnadel
18 Magnetventilfeder

UMK1744-2Y

Arbeitsweise des UI für Pkw

Voreinspritzung

Beim UI für Pkw wird durch einen Speicherkolben und eine Dämpfungseinheit eine mechanisch-hydraulisch gesteuerte Voreinspritzung realisiert.

Saughub (Bild 5a)
Der Pumpenkolben (4) wird beim Drehen des Antriebsnockens (3) über die Rückstellfeder nach oben bewegt. Der unter ständigem Überdruck stehende Kraftstoff fließt aus dem Niederdruckteil der Kraftstoffversorgung über die Zulaufbohrung (1) in den Injektor. Das Magnetventil ist geöffnet. Über den geöffneten Magnetventilsitz (11) gelangt der Kraftstoff in den Hochdruckraum (5).

Vorhub (Bild 5b)
Der Pumpenkolben bewegt sich durch die Drehung des Antriebsnockens nach unten. Das Magnetventil ist geöffnet, und der Kraftstoff wird durch den Pumpenkolben in den Niederdruckteil der Kraftstoffversorgung zurückgedrückt (2). Mit dem zurückfließenden Kraftstoff wird auch Wärme aus dem Injektor abgeführt, d. h. der Injektor wird gekühlt.

Förderhub und Einspritzung
Das Steuergerät bestromt die Spule des Elektromagneten zu einem bestimmten Zeitpunkt, sodass die Magnetventilnadel in den Magnetventilsitz (11) gedrückt und die Verbindung zwischen Hochdruckraum und Niederdruckteil verschlossen wird. Dieser Zeitpunkt wird als *Begin of Injection Period* (BIP) bezeichnet; er entspricht jedoch nicht dem tatsächlichen Beginn der Einspritzung, sondern dem Förderbeginn.

Beginn der Voreinspritzung (Bild 5c)
Der Kraftstoffdruck im Hochdruckraum steigt durch die Volumenverdrängung des Pumpenkolbens an. Für die Voreinspritzung liegt der Düsenöffnungsdruck bei ca. 180 bar. Bei Erreichen dieses Drucks wird die Düsennadel (9) angehoben und die Voreinspritzung beginnt. In dieser Phase wird der Hub der Düsennadel durch eine Dämpfungseinheit hydraulisch begrenzt (siehe Abschnitt „Düsennadeldämpfung").

Der Speicherkolben (6) bleibt zunächst in seinem Sitz, denn die Düsennadel öffnet wegen ihrer größeren hydraulisch wirksamen Fläche, auf die der Druck einwirkt, zuerst.

Ende der Voreinspritzung (Bild 5d)
Durch den weiter ansteigenden Druck wird der Speicherkolben nach unten gedrückt und hebt nun auch aus seinem Sitz ab. Eine Verbindung zwischen Hochdruckraum (5) und Speicherraum (7) wird hergestellt. Der dadurch verursachte Druckabfall im Hochdruckraum, der erhöhte Druck im Speicherraum und die gleichzeitige Erhöhung der Vorspannung der Druckfeder (8) bewirken, dass die Düsennadel schließt. Die Voreinspritzung ist beendet. Der Speicherkolben kehrt im Gegensatz zur Düsennadel nicht in seine Ausgangsposition zurück, da er dem Kraftstoffdruck im geöffneten Zustand eine größere Angriffsfläche bietet als die Düsennadel.

Die Voreinspritzmenge von ca. 1,5 mm³ wird im Wesentlichen durch den Öffnungsdruck und den Hub des Speicherkolbens bestimmt.

Haupteinspritzung

Die Haupteinspritzung erfordert einen höheren Öffnungsdruck an der Düse als die Voreinspritzung. Dies hat zwei Ursachen: Zum einen wird durch die Auslenkung des Speicherkolbens während der Voreinspritzung die Vorspannung der Düsenfeder erhöht. Zum anderen muss durch das Ausweichen des Speicherkolbens Kraftstoff aus dem Federhalterraum über eine Drossel in den Niederdruckteil der Kraftstoffversorgung gedrängt werden, sodass der Kraftstoff im Federhalterraum stärker komprimiert wird (pressure backing). Das pressure-backing-Niveau ergibt sich aus

5 Funktionsprinzip der Einspritzung beim UIS für Pkw: Voreinspritzung

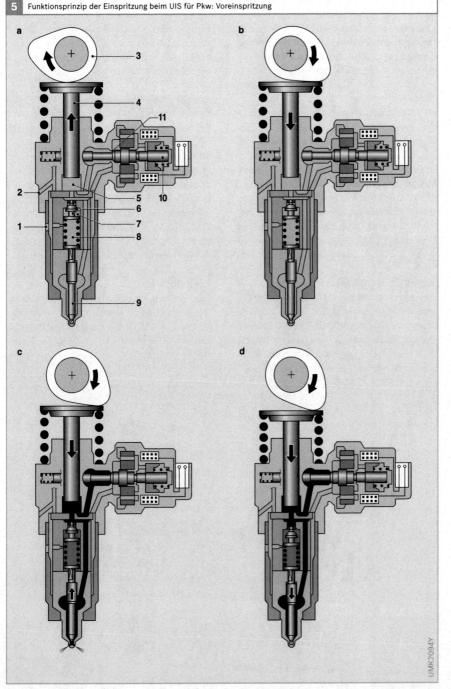

Bild 5

a Saughub
b Vorhub
c Förderhub:
  Beginn der
  Voreinspritzung
d Förderhub:
  Ende der
  Voreinspritzung

1 Kraftstoffzulauf
2 Kraftstoffrücklauf
3 Antriebsnocken
4 Pumpenkolben
5 Hochdruckraum
  (Elementraum)
6 Speicherkolben
7 Speicherraum
8 Federhalterraum
9 Düsennadel
10 Magnetventilnadel
11 Magnetventilsitz

UMK2094Y

der Größe der Drossel im Federhalter und lässt sich somit variieren (kleine Drossel – große Druckzunahme – große Differenz des Düsenöffnungsdrucks für Vor- und Haupteinspritzung). Dadurch ist es möglich, einen sinnvollen Kompromiss zwischen einem niedrigen Öffnungsdruck der Voreinspritzung (aus Geräuschgründen) und einem möglichst hohen Öffnungsdruck der Haupteinspritzung speziell bei Teillast (emissionsreduzierend) zu erreichen.

Der zeitliche Abstand zwischen Vor- und Haupteinspritzung ist hauptsächlich durch den Hub des Speicherkolbens (der seinerseits die Vorspannung der Druckfeder bestimmt) und die Motordrehzahl festgelegt. Er beträgt ca. 0,2...0,6 ms.

Fortsetzung des Förderhubs (Bild 6a)
Beginn der Haupteinspritzung
Aufgrund der fortgesetzten Bewegung des Pumpenkolbens steigt der Druck im Hochdruckraum weiter an. Mit Erreichen des Düsenöffnungsdrucks von jetzt ca. 300 bar wird die Düsennadel angehoben und Kraftstoff in den Brennraum eingespritzt (tat-

sächlicher Spritzbeginn). Durch die hohe Förderrate des Pumpenkolbens steigt der Druck während des gesamten Einspritzvorgangs weiter an. In der Übergangsphase zwischen Förderhub und Resthub (s. u.) wird der maximale Druck erreicht.

Ende der Haupteinspritzung
Zum Beenden der Haupteinspritzung wird der Stromfluss durch die Spule des Elektromagneten abgeschaltet; das Magnetventil öffnet nach einer kurzen Verzögerungszeit und gibt die Verbindung zwischen Hochdruckraum und Niederdruckbereich frei. Der Druck bricht zusammen. Mit Unterschreiten des Düsenschließdrucks schließt die Einspritzdüse und beendet den Einspritzvorgang. Danach kehrt auch der Speicherkolben in seine Ausgangslage zurück.

Resthub (Bild 6b)
Der restliche Kraftstoff wird während der weiteren Abwärtsbewegung des Pumpenkolbens in den Niederdruckteil zurückgefördert. Dabei wird wieder Wärme aus dem Injektor abgeführt.

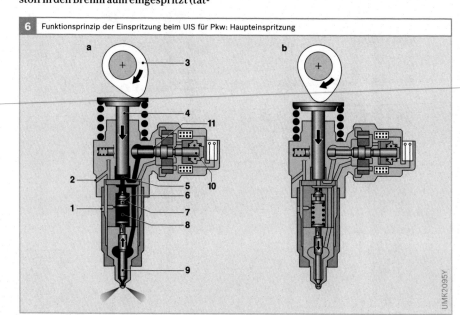

6   Funktionsprinzip der Einspritzung beim UIS für Pkw: Haupteinspritzung

Bild 6

a   Förderhub:
    Haupteinspritzung
b   Resthub

1   Kraftstoffzulauf
2   Kraftstoffrücklauf
3   Antriebsnocken
4   Pumpenkolben
5   Hochdruckraum
    (Elementraum)
6   Speicherkolben
7   Speicherraum
8   Federhalterraum
9   Düsennadel
10   Magnetventilnadel
11   Magnetventilsitz

UMK2095Y

Düsennadeldämpfung

Während der Voreinspritzung wird der Hub der Düsennadel durch eine Dämpfungseinheit hydraulisch begrenzt, um die geringe erforderliche Einspritzmenge genau dosieren zu können (siehe Abschnitt Voreinspritzung). Der Düsennadelhub wird dafür auf ca. ein Drittel des Gesamthubs der Haupteinspritzung begrenzt.

Die Dämpfungseinheit wird durch einen Dämpfungskolben gebildet, der sich oberhalb der Düsennadel befindet (Bild 7, Pos. 4). Die Düsennadel öffnet zunächst ungedämpft, bis der Dämpfungskolben (4) die Bohrung der Dämpfungsplatte (3)

erreicht. Der über der Düsennadel befindliche Kraftstoff bildet nun ein hydraulisches Polster (Bild 8, Pos. 2), da er nur über einen schmalen Leckspalt (1) in den Düsenfederraum gedrückt werden kann. Die weitere Aufwärtsbewegung der Düsennadel wird dadurch begrenzt.

Während der Haupteinspritzung ist die Wirkung der Düsennadeldämpfung vernachlässigbar gering, da aufgrund des höheren Druckniveaus viel größere Öffnungskräfte auf die Düsennadel wirken.

Eigensicherheit

Einzelpumpensysteme sind eigensicher, da im Fehlerfall maximal eine unkontrollierte Einspritzung erfolgen kann:
▶ Bleibt das Magnetventil geöffnet, kann nicht eingespritzt werden, da der Kraftstoff in den Niederdruckteil zurückfließt und kein Druck aufgebaut werden kann.
▶ Bei ständig geschlossenem Magnetventil kann kein Kraftstoff in den Hochdruckraum gelangen, da die Füllung des Hochdruckraums nur über den geöffneten Magnetventilsitz erfolgen kann. In diesem Fall kann höchstens einmal eingespritzt werden.

Arbeitsweise des UI für Nkw

Das Unit Injector System für Nkw (Bild 9) hat hinsichtlich der Haupteinspritzung prinzipiell die gleiche Funktionsweise wie das Pkw-System. Unterschiede bestehen bezüglich der Voreinspritzung: Das Unit Injector System für Nkw bietet im unteren Drehzahl- und Lastbereich die Möglichkeit einer elektronisch gesteuerten Voreinspritzung, die durch zweimaliges Ansteuern des Magnetventils realisiert wird.

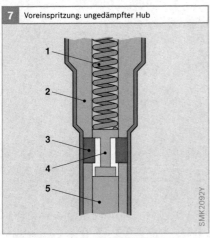

7 Voreinspritzung: ungedämpfter Hub

SMK2092Y

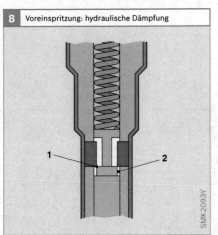

8 Voreinspritzung: hydraulische Dämpfung

SMK2093Y

Bild 7

1 Düsenfederraum
2 Federhalter
3 Dämpfungsplatte
4 Dämpfungskolben
5 Düsennadel

Bild 8

1 Leckspalt
2 hydraulisches Polster

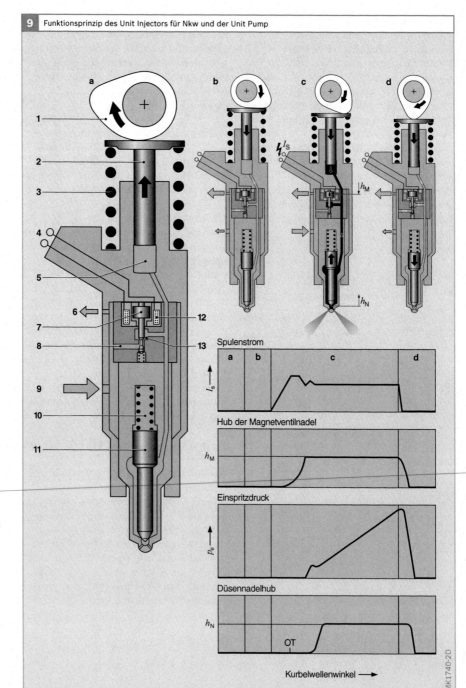

9 Funktionsprinzip des Unit Injectors für Nkw und der Unit Pump

Bild 9

Betriebszustände:

a Saughub
b Vorhub
c Förderhub
d Resthub

1 Antriebsnocken
2 Pumpenkolben
3 Rückstellfeder
4 Stecker
5 Hochdruckraum
   (Elementraum)
6 Kraftstoffrücklauf
7 Magnetventilnadel
8 Niederdruck-
   bohrung
9 Kraftstoffzulauf
10 Düsenfeder
11 Düsennadel
12 Spule des
   Elektromagneten
13 Magnetventilsitz

I_s Spulenstrom
h_M Hub der Magnet-
   ventilnadel
p_e Einspritzdruck
h_N Düsennadelhub

Spulenstrom

Hub der Magnetventilnadel

Einspritzdruck

Düsennadelhub

Kurbelwellenwinkel ⟶

UMK1740-2D

Hochdruckmagnetventil

Das Hochdruckmagnetventil steuert Druckaufbau, Einspritzzeitpunkt und Einspritzdauer.

Aufbau
Ventil
Das Ventil besteht aus der Ventilnadel (Bild 10, Pos. 2), dem Ventilkörper (12) und der Ventilfeder (1).
   Die Dichtfläche des Ventilkörpers ist kegelig angeschliffen (10). Die Ventilnadel besitzt ebenfalls eine kegelige Dichtfläche (11). Der Winkel an der Nadel ist etwas größer als der des Ventilkörpers. Bei geschlossenem Ventil, wenn die Nadel gegen den Ventilkörper gedrückt wird, berühren sich Ventilkörper und Ventilnadel lediglich auf einer Linie, dem Ventilsitz. Durch diese Doppelkegeldichtung dichtet das Ventil sehr gut ab. Ventilnadel und Ventilkörper müssen durch Präzisionsbearbeitung sehr genau aufeinander abgestimmt sein.

Magnet
Der Magnet besteht aus dem festen Magnetjoch und dem beweglichen Anker (16). Das Magnetjoch seinerseits besteht aus

Magnetkern (15), Spule (6) und der elektrischen Kontaktierung mit dem Stecker (8).
   Der Anker ist an der Ventilnadel befestigt bzw. mit dieser kraftschlüssig verbunden. Zwischen Magnetjoch und Anker ist in der Ruhelage ein Ausgangs- oder Restluftspalt.

Arbeitsweise
Geöffnetes Ventil
Das Magnetventil ist geöffnet, solange es nicht angesteuert wird, d. h., wenn durch die Spule des Magneten kein Strom fließt. Die von der Ventilfeder auf die Ventilnadel ausgeübte Kraft drückt diese gegen den Anschlag. Hierdurch ist der Ventildurchflussquerschnitt (9) zwischen Ventilnadel und Ventilkörper im Bereich des Ventilsitzes geöffnet. Somit sind Hochdruck- (3) und Niederdruckbereich (4) der Pumpe miteinander verbunden. In dieser Ruhelage kann Kraftstoff von und zum Hochdruckraum fließen.

Geschlossenes Ventil
Wenn eine Einspritzung erfolgen soll, wird die Spule vom Steuergerät angesteuert. Der Anzugstrom erzeugt einen Magnetfluss in den Magnetkreisteilen (Magnetkern, Magnetscheibe und Anker). Dieser Magnet-

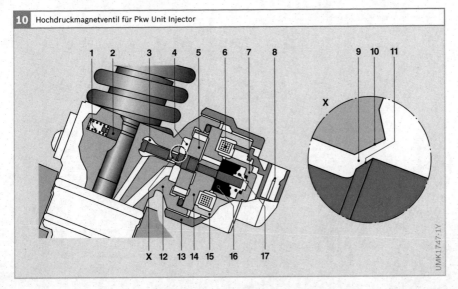

10 Hochdruckmagnetventil für Pkw Unit Injector

Bild 10

1 Ventilfeder
2 Ventilnadel
3 Hochdruckbereich
4 Niederdruckbereich
5 Ausgleichsscheibe
6 Spule des Elektromagneten
7 Kapsel
8 Stecker
9 Ventildurchflussquerschnitt
10 Dichtfläche des Ventilkörpers
11 Dichtfläche der Ventilnadel
12 integrierter Ventilkörper
13 Überwurfmutter
14 Magnetscheibe
15 Magnetkern
16 Anker
17 Ausgleichsfeder

UMK1747-1Y

fluss erzeugt eine magnetische Kraft, die den Anker in Richtung Magnetscheibe (14) anzieht und dabei die Ventilnadel in Richtung Ventilkörper mitbewegt. Der Anker wird so weit angezogen, bis sich Ventilnadel und Ventilkörper im Dichtsitz berühren und so das Ventil geschlossen ist. Zwischen Anker und Magnetscheibe bleibt ein Restluftspalt.

Die Magnetkraft muss nicht nur den Anker anziehen, sondern gleichzeitig die von der Ventilfeder ausgeübte Kraft überwinden und ihr entgegenhalten. Außerdem muss die Magnetkraft die Dichtflächen mit einer bestimmten Kraft aneinander drücken, um auch dem Druck aus dem Elementraum standzuhalten.

Bei geschlossenem Magnetventil wird während der Abwärtsbewegung des Pumpenkolbens Druck im Hochdruckraum aufgebaut und es kann eingespritzt werden. Wenn die Einspritzung beendet werden soll, wird der Strom durch die Spule abgeschaltet, der Magnetfluss und somit die Magnetkraft brechen zusammen. Die Federkraft drückt die Ventilnadel gegen den Anschlag in die Ruhelage. Der Ventilsitz ist geöffnet und der Druck im Hochdruckraum wird abgebaut.

Ansteuerung

Zum Schließen des Hochdruckmagnetventils wird dieses mit einem relativ hohen Anzugstrom (Bild 11, a) mit steil ansteigender Flanke angesteuert. Dies gewährleistet kurze Schaltzeiten des Magnetventils und eine genaue Dosierung der Einspritzmenge.

Bei geschlossenem Ventil kann der Anzugstrom auf einen Haltestrom (c) reduziert werden, um das Ventil geschlossen zu halten. So wird die Verlustleistung (Wärme) durch den Stromfluss reduziert. Der erforderliche Haltestrom ist umso kleiner, je näher sich der Anker an der Magnetscheibe befindet, da ein kleiner Abstand eine größere magnetische Kraft bedingt.

Zwischen Anzugstrom- und Haltstromphase wird kurzzeitig für die Erkennung des Magnetventil-Schließzeitpunkts mit konstanter Spannung angesteuert (BIP-Erkennung, Phase b).

Um am Ende der Einspritzung ein definiertes und schnelles Öffnen des Magnetventils zu erreichen, wird durch Anlegen einer hohen Klemmenspannung eine Schnelllöschung der im Magnetventil gespeicherten Energie durchgeführt (Phase d).

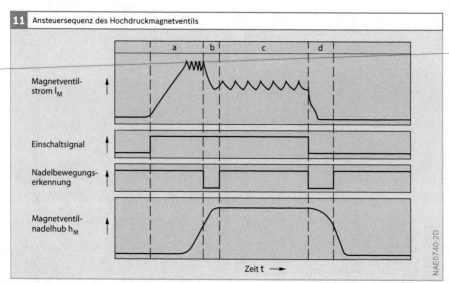

11 Ansteuersequenz des Hochdruckmagnetventils

Magnetventil-strom I_M

Einschaltsignal

Nadelbewegungs-erkennung

Magnetventil-nadelhub h_M

Zeit t →

Bild 11
a   Anzugstrom
    (UIS/UPS für Nkw:
    12...20 A;
    UIS für Pkw: 20 A)
b   BIP-Erkennung
c   Haltestrom
    (UIS/UPS für Nkw:
    8...14 A;
    UIS für Pkw: 12 A)
d   Schnelllöschung

NAE0740-2D

Ende 1922 begann bei Bosch die Entwicklung eines Einspritzsystems für Dieselmotoren. Die technischen Voraussetzun-
gen waren günstig: Bosch verfügte über
Erfahrungen mit Verbrennungsmotoren, die
Fertigungstechnik war hoch entwickelt und
vor allem konnten Kenntnisse, die man bei
der Fertigung von Schmierpumpen gesam-
melt hatte, eingesetzt werden. Dennoch war
dies für Bosch ein großes Wagnis, da es viele
Aufgaben zu lösen gab.

1927 wurden die ersten Einspritzpumpen
in Serie hergestellt. Die Präzision dieser
Pumpen war damals einmalig. Sie waren
klein, leicht und ermöglichten höhere
Drehzahlen des Dieselmotors. Diese Reiheneinspritzpumpen wurden ab 1932 in Nkw
und ab 1936 auch in Pkw eingesetzt. Die
Entwicklung des Dieselmotors und der
Einspritzanlagen ging seither unaufhörlich
weiter.

Im Jahr 1962 gab die von Bosch entwickelte Verteilereinspritzpumpe mit auto-
matischem Spritzversteller dem Dieselmotor neuen Auftrieb. Mehr als zwei
Jahrzehnte später folgte die von Bosch
in langer Forschungsarbeit zur Serienreife
gebrachte elektronische Regelung der
Dieseleinspritzung.

Die immer genauere Dosierung kleinster
Kraftstoffmengen zum exakt richtigen
Zeitpunkt und die Steigerung des Einspritzdrucks ist eine ständige Herausforderung für
die Entwickler. Dies führte zu vielen neuen
Innovationen bei den Einspritzsystemen
(siehe Bild).

In Verbrauch und Ausnutzung des Kraftstoffs ist der Selbstzünder nach wie vor
benchmark (d. h. er setzt den Maßstab).

Neue Einspritzsysteme halfen weiteres
Potenzial zu heben. Zusätzlich wurden die
Motoren ständig leistungsfähiger, während
die Geräusch- und Schadstoffemissionen
weiter abnahmen!

▶ Meilensteine der Dieseleinspritzung

1927
Erste Serien-
Reiheneinspritzpumpe

1962
Erste Axialkolben-
Verteilereinspritzpumpe
EP-VM

1986
Erste elektronisch
geregelte Axialkolben-
Verteilereinspritzpumpe

1994
Erstes Unit Injector System
für Nkw

1995
Erstes Unit Pump System

1996
Erste Radialkolben-
Verteilereinspritz-
pumpe

1997
Erstes Speicher-
einspritzsystem
Common Rail

1998
Erstes Unit Injector System
für Pkw

UMK1563-4Y

Unit Pump System UPS

Das Unit Pump System (UPS) wird bei Nkw und Großmotoren eingesetzt. Die Arbeitsweise der Unit Pump (UP) entspricht der des Unit Injectors (UI) für Nkw. Im Gegensatz zum UI sind bei der UP jedoch Einspritzdüse und Injektor räumlich getrennt und über eine kurze Leitung miteinander verbunden. Das Unit Pump System wird daher auch Pumpe-Leitung-Düse genannt.

Einbau und Antrieb

Die Einspritzdüse ist beim Unit Pump System mit einem Düsenhalter in den Zylinderkopf eingebaut, während sie beim Unit Injector System direkt in den Injektor integriert ist.

Die Pumpe wird seitlich am Motorblock befestigt (Bild 1) und von einem Einspritznocken (Bild 2, Pos. 13) auf der Motornockenwelle über einen Rollenstößel (26) direkt angetrieben. Das bietet gegenüber dem UI folgende Vorteile:

▶ keine Zylinderkopf-Neukonstruktion notwendig,
▶ steifer Antrieb, da keine Kipphebel erforderlich sind,
▶ einfache Handhabung beim Kundendienst, da die Pumpen einfach ausgebaut werden können.

Aufbau

Im Gegensatz zum Unit Injector werden bei der Unit Pump Hochdruckleitungen zwischen Hochdruckpumpe und Einspritzdüse eingesetzt. Die Leitungen müssen dem maximalen Pumpendruck und den zum Teil hochfrequenten Druckschwankungen während der Einspritzpausen dauerhaft standhalten. Es werden deshalb hochfeste nahtlose Stahlrohre eingesetzt. Die Leitungen werden möglichst kurz ausgelegt und müssen für die einzelnen Pumpen eines Motors gleich lang sein.

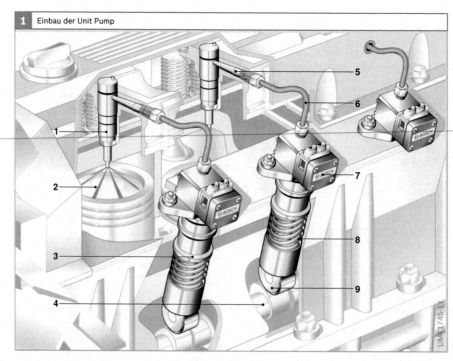

1 Einbau der Unit Pump

Bild 1
1 Stufendüsenhalter
2 Brennraum des Motors
3 Unit Pump
4 Motornockenwelle
5 Druckrohrstutzen
6 Hochdruckleitung
7 Magnetventil
8 Rückstellfeder
9 Rollenstößel

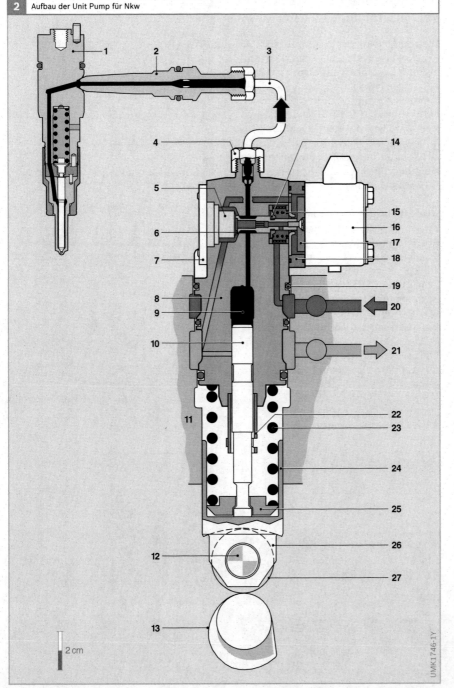

2 Aufbau der Unit Pump für Nkw

Bild 2

1 Stufendüsenhalter
2 Druckrohrstutzen
3 Hochdruckleitung
4 Anschluss
5 Hubanschlag
6 Magnetventilnadel
7 Platte
8 Pumpenkörper
9 Hochdruckraum
  (Elementraum)
10 Pumpenkolben
11 Motorblock
12 Rollenstößelbolzen
13 Nocken
14 Federteller
15 Magnetventilfeder
16 Ventilgehäuse
  mit Spule und
  Magnetkern
17 Ankerplatte
18 Zwischenplatte
19 Dichtung
20 Kraftstoffzulauf
21 Kraftstoffrücklauf
22 Pumpenkolben-
  Rückhalteeinrich-
  tung
23 Stößelfeder
24 Stößelkörper
25 Federteller
26 Rollenstößel
27 Stößelrolle

2 cm

UMK1746-1Y

Stromgeregelte Einspritzverlaufsformung CCRS

Die beim Unit Injector beschriebene Arbeitsweise des Magnetventils führt zu einem dreieckförmigen Einspritzverlauf. Bei einigen Unit Pump Systemen wird durch konstruktive Anpassung des Magnetventils ein bootförmiger Einspritzverlauf realisiert. Dazu wird das Magnetventil mit einem beweglichen Hubanschlag (Bild 4, Pos. 1) ausgestattet, der zur Zwischenhubbegrenzung dient und so einen gedrosselten Schaltzustand („boot") ermöglicht.

Nach dem Schließen des Magnetventils wird der Magnetventilstrom auf ein Zwischenniveau (Bild 3, Phase c_1) unterhalb des Haltestroms (c_2) zurückgefahren, sodass die Ventilnadel auf dem Hubanschlag aufliegt. Damit wird ein Drosselspalt freigegeben, wodurch der weitere Druckaufbau begrenzt wird. Durch Anheben des Stroms wird das Ventil wieder vollständig geschlossen und die boot-Phase beendet.

Dieses Verfahren der stromgeregelten Einspritzverlaufsformung wird auch **C**urrent **C**ontrolled **R**ate **S**haping (CCRS) genannt.

Bild 3

a Anzugstrom (UPS für Nkw: 12...20 A)

b BIP-Erkennung

c_1 Haltestrom für bootförmige Einspritzung

c_2 Haltestrom (UPS für Nkw: 8...14 A)

d Schnelllöschung

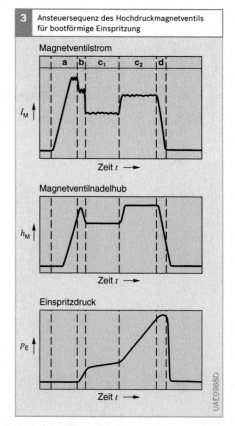

3 Ansteuersequenz des Hochdruckmagnetventils für bootförmige Einspritzung

Bild 4

1 Hubanschlag

2 Magnetventilnadel

3 Magnetventilfeder

4 Gehäuse mit Spule und Magnetkern

5 Hochdruckraum (Elementraum)

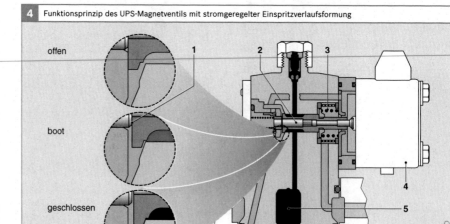

4 Funktionsprinzip des UPS-Magnetventils mit stromgeregelter Einspritzverlaufsformung

Die Welt der Dieseleinspritzung ist eine Welt der Superlative.

Auf mehr als 1 Milliarde Öffnungs- und Schließhübe kommt die Düsennadel eines Nkw-Motors in ihrem „Einspritzleben". Sie dichtet bis zu 2200 bar sicher ab und muss dabei einiges aushalten:
▶ sie schluckt die Stöße des schnellen Öffnens und Schließens (beim Pkw geschieht dies bis zu 10000-mal pro Minute bei Vor- und Nacheinspritzungen),
▶ sie widersteht den hohen Strömungsbelastungen beim Einspritzen und
▶ sie hält dem Druck und der Temperatur im Brennraum stand.

Was moderne Einspritzdüsen leisten, zeigen folgende Vergleiche:
▶ In der Einspritzkammer herrscht ein Druck von bis zu 2200 bar. Dieser Druck entsteht, wenn Sie einen Oberklassewagen auf einen Fingernagel stellen würden.

▶ Die Einspritzdauer beträgt 1...2 Millisekunden (ms). In einer Millisekunde kommt eine Schallwelle aus einem Lautsprecher nur ca. 33 cm weit.
▶ Die Einspritzmengen variieren beim Pkw zwischen 1 mm³ (Voreinspritzung) und 50 mm³ (Volllastmenge); beim Nkw zwischen 3 mm³ (Voreinspritzung) und 350 mm³ (Volllastmenge). 1 mm³ entspricht dem Volumen eines halben Stecknadelkopfs. 350 mm³ ergeben die Menge von 12 großen Regentropfen (30 mm³ je Tropfen). Diese Menge wird innerhalb von 2 ms mit 2000 km/h durch eine Öffnung mit weniger als 0,25 mm² Querschnitt gedrückt!
▶ Das Führungsspiel der Düsennadel beträgt 0,002 mm (2 µm). Ein menschliches Haar ist 30-mal so dick (0,06 mm).

Die Erfüllung all dieser Höchstleistungen erfordert ein sehr großes Know-how in Entwicklung, Werkstoffkunde, Fertigung und Messtechnik.

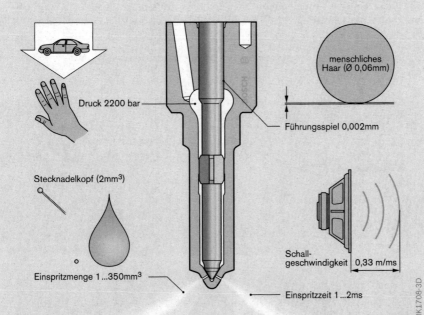

Druck 2200 bar

menschliches Haar (Ø 0,06mm)

Führungsspiel 0,002mm

Stecknadelkopf (2mm³)

Schallgeschwindigkeit | 0,33 m/ms

Einspritzmenge 1...350mm³

Einspritzzeit 1...2ms

NMK1708-3D

Kraftstoffsystem (Niederdruck)

Die Kraftstoffversorgung speichert und filtert den benötigten Kraftstoff und stellt ihn der Einspritzanlage bei allen Betriebsbedingungen mit einem bestimmten Versorgungsdruck zur Verfügung. Der für eine sichere Befüllung der Pumpe-Düse-Einheiten (Injektoren) und der Unit Pump erforderliche Kraftstoffdruck im Vor- und Rücklauf wird bei Pkw-Systemen durch eine Tandempumpe aufgebaut. Bei Nkw-Systemen wird dafür eine mechanisch angetriebene Zahnradpumpe eingesetzt. Der Kraftstoffrücklauf wird bei Unit Injector-Systemen für Nkw (UISN) und Unit Pump-Systemen (UPS) optional gekühlt.

Übersicht

UIS für Pkw

Der Kraftstoff wird bei den meisten Unit Injector-Systemen für Pkw durch eine Vorförderpumpe (Elektrokraftstoffpumpe EKP; Bild 1, Pos. 2) aus dem Tank in den Niederdruckkreis gefördert. Der Kraftstoff durchfließt zunächst einen Kraftstofffilter und gelangt dann zur Tandempumpe. Diese komprimiert den Kraftstoff und fördert ihn

mit erhöhtem Druck zu den Pumpe-Düse-Einheiten (Unit Injector; 5). Der Druck im Vorlauf der Injektoren beträgt 7,5 bar bei 2-Ventil-Motoren und 10,5 bar für 4-Ventil-Motoren. Im Unit Injector komprimierter, aber für die Einspritzung nicht benötigter Kraftstoff fließt vom Injektor über ein in die Tandempumpe integriertes Druckbegrenzungsventil zurück zum Kraftstoffbehälter. Da dieser Kraftstoff durch die Verdichtung im Injektor erhitzt ist, muss er durch einen Kraftstoffkühler (8) im Rücklauf gekühlt werden.

Im Rücklauf befindet sich zwischen Pumpe und Kraftstoffkühler ein Temperatursensor (6) zur Erfassung der Kraftstofftemperatur. Da sich mit der Temperatur auch Dichte und Viskosität des Kraftstoffs ändern, muss die Kraftstofftemperatur bei der Berechnung der Parameter der Einspritzung (Einspritzzeitpunkt, Einspritzdauer) berücksichtigt werden. Die Rücklauftemperatur bildet dabei die Temperaturverhältnisse im Unit Injector am besten ab. Zudem dient die Kraftstofftemperatur als Ersatzwert bei defektem Wassertemperaturfühler.

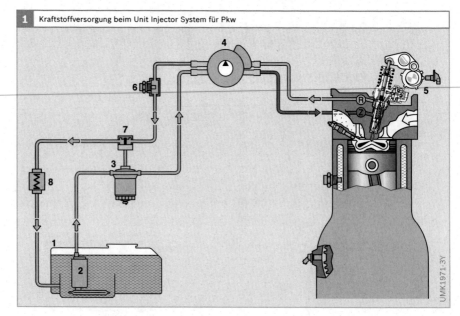

1 Kraftstoffversorgung beim Unit Injector System für Pkw

Bild 1

1 Kraftstoffbehälter
2 Vorförderpumpe
3 Kraftstofffilter
4 Tandempumpe
5 Unit Injector
6 Kraftstoff-
  temperatursensor
7 Vorwärmventil
8 Kraftstoffkühler

UMK1971-3Y

UISN/UPS für Nkw

Das Unit Injector-System für Nkw (Bild 2) sowie das Unit Pump-System unterscheiden sich vom UIS für Pkw im Wesentlichen dadurch, dass anstelle der Tandempumpe hier eine Zahnradpumpe (3) die Kraftstoffförderung aus dem Tank in den Niederdruckkreislauf übernimmt. Die im Nkw eingesetzte Zahnradpumpe ist selbstsaugend, sodass keine zusätzliche Elektrokraftstoffpumpe als Vorförderpumpe im Tank benötigt wird. Der Druck im Vorlauf der Injektoren bzw. der Unit Pump liegt bei 2...6 bar.

Eine Kühlung des Rücklaufs wird nur bei Bedarf eingesetzt.

Der Rücklauf von überschüssigem Kraftstoff aus den Injektoren oder aus den Unit Pumps zurück in den Niederdruckkreislauf erfolgt über ein Überströmventil. Das Überströmventil sitzt direkt am Austritt des Kraftstoffrücklaufs aus dem Motor und regelt den Druck im Niederdrucksystem auf den erforderlichen Zulaufdruck vor den Unit Injectors bzw. Unit Pumps. Es ist als Kegelsitzventil mit einem integrierten Speichervolumen ausgeführt.

Tankeinbaueinheit

Die Tankeinbaueinheit besteht bei UIS für Pkw aus den Baugruppen Elektrokraftstoffpumpe (EKP), Vorratsbehälter und Füllstandsanzeiger (Schwimmer). Bei den Systemen für Nkw entfällt die EKP.

Die EKP fördert den Kraftstoff aus dem Tank in den Niederdruckkreis und gewährleistet dabei die schnelle Befüllung auch bei sehr niedrigen Drehzahlen, sowie die Entlüftung des Kraftstoffsystems nach einer Tankleerfahrt. Die EKP sorgt zudem für einen ausreichenden Kraftstoffdruck vor der Tandempumpe und verhindert somit das Ausscheiden von im Kraftstoff gelöster Luft. Bei zu niedrigem Druck im Kraftstoffvorlauf können sich Luftblasen im Kraftstoff bilden, die zu Druckabfall und unzureichender Befüllung der Injektoren führen können.

Die EKP befindet sich in dem Vorratsbehälter, der seinerseits durch eine Saugstrahlpumpe ständig mit Kraftstoff aus dem Tank befüllt wird. Auf diese Weise kann die EKP stets Kraftstoff ansaugen, auch wenn bei Kurvenfahrt oder Beschleu-

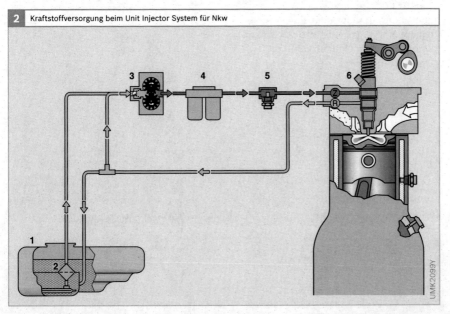

2   Kraftstoffversorgung beim Unit Injector System für Nkw

UMK2099Y

Bild 2
1   Kraftstoffbehälter
2   Vorfilter
3   Kraftstoffpumpe
4   Kraftstofffilter
5   Kraftstoff-
    temperatursensor
6   Unit Injector
    (oder Unit Pump)

nigungsvorgängen und niedrigem Tank-
füllstand der gesamte im Tank befindliche
Kraftstoff auf eine Seite gedrängt wird.

Bei Pkw-Systemen verhindert ein in die
Tankeinbaueinheit integriertes Rück-
schlagventil, dass bei Motorstillstand
Kraftstoff von der Tandempumpe zurück
in den Tank fließt und das System leerläuft.
Bei Systemen ohne Tankeinbaueinheit
(z. B. bei Nkw-Systemen) wird ein separates
Rückschlagventil im Rücklauf zwischen
Kraftstofffilter und Tandempumpe/Zahn-
radpumpe eingesetzt. Es kann auch in die
Zahnradpumpe integriert sein.

Kraftstoffpumpe

Tandempumpe

Die bei UIS-Pkw eingesetzte Tandempumpe
(Bild 3) ist eine Baueinheit, die die Kraftstoffpumpe sowie die Vakuumpumpe für
den Bremskraftverstärker umfasst. Sie ist
am Zylinderkopf des Motors angebracht
und wird direkt von der Motornockenwelle
angetrieben.
   Als Kraftstoffpumpe wird dabei eine
Innenzahnradpumpe oder eine Sperrflügelpumpe eingesetzt. In die Kraftstoffpumpe sind verschiedene Ventile und
Drosseln integriert:

Druckbegrenzungsventil im Vorlauf (3):
Das Druckbegrenzungsventil begrenzt
den maximalen Druck im Hochdruckteil
auf 7,5 bar für 2-Ventil-Motoren und auf
10,5 bar bei 4-Ventil-Motoren.

Druckbegrenzungsventil im Rücklauf (10):
Der Rücklaufdruck wird über ein Druckbegrenzungsventil mit einem Öffnungsdruck von 0,7 bar eingestellt.

Drossel (7): Die am Sieb (4) abgeschiedene
Luft steigt nach oben und gelangt über die
Drossel in den Rücklauf.

Bypass (9): Ist Luft im Kraftstoffsystem (z. B.
durch leer gefahrenen Kraftstoffbehälter),
so bleibt das Niederdruckventil geschlossen. Die Luft, die überwiegend an dem Sieb
abgeschieden wird, wird vom nachfließen-
den Kraftstoff über den Bypass aus dem
System gedrückt.

An der Kraftstoffpumpe befindet sich ein
Anschluss (Service-Bohrung; 5), über den
der Kraftstoffdruck im Vorlauf und damit
das fehlerfreie Funktionieren der Kraftstoffpumpe überprüft werden kann.

3 Tandempumpe

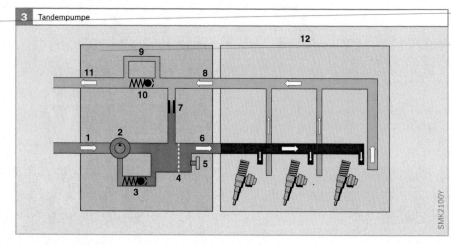

Bild 3
1 Kraftstoffzulauf
2 Innenzahnrad-
   pumpe
3 Druck-
   begrenzungsventil
4 Sieb
5 Service-Bohrung
6 zum Unit Injector
7 Drossel
8 Rücklauf vom
   Injektor
9 Bypass
10 Druckbegrenzungs-
   ventil
11 Rücklauf zum Tank
12 Motor

SMK2100Y

Innenzahnradpumpe

Bei der Innenzahnradpumpe (Bild 4) erfolgt die Kraftstoffförderung durch zwei ineinanderliegende Zahnräder. Das kleinere, innenliegende Zahnrad treibt ein größeres, exzentrisch angeordnetes, innenverzahntes Außenzahnrad an. Die miteinander kämmenden Zahnräder saugen den Kraftstoff an, komprimieren ihn und fördern ihn zur Druckseite. Die Berührungslinie der Zahnräder dichtet zwischen Saugseite und Druckseite ab. Der Antrieb erfolgt über den Rotor der Vakuumpumpe, die in die Tandempumpe integriert ist. Der Rotor wird seinerseits durch die Nockenwelle angetrieben.

Sperrflügelpumpe

Bei der Sperrflügelpumpe (Bild 5) für das UIS bei Pkw pressen Federn (3) zwei Sperrflügel (4) gegen einen Rotor (1). Dreht sich der Rotor, vergrößert sich das Volumen auf der Saugseite (2) und Kraftstoff wird in zwei Kammern angesaugt. Auf der Druckseite (5) verkleinert sich das Volumen, und der Kraftstoff wird aus zwei Kammern gefördert.

Zahnradpumpe

Bei UI-Systemen und UPS für Nkw wird als Kraftstoffpumpe eine Zahnradpumpe eingesetzt (Bild 6). Zwei miteinander kämmende, gegenläufig drehende Zahnräder fördern den Kraftstoff von der Saugseite (1) zur Druckseite (3). Die Berührungslinie der Zahnräder dichtet zwischen Saugseite und Druckseite ab.

Die Zahnradpumpe wird entweder direkt über die Nockenwelle oder durch Nebenaggregate angetrieben. Die Fördermenge hängt vom Übersetzungsverhältnis sowie vom Fördervolumen pro Umdrehung ab und ist annähernd proportional zur Motordrehzahl. Die Mengenregelung erfolgt entweder durch Drosselregelung auf der Saugseite oder durch ein Überströmventil auf der Druckseite. Zum Schutz des Niederdruckkreislaufs und insbesondere des Kraftstofffilters ist in die Zahnradpumpe ein Überdruckventil integriert.

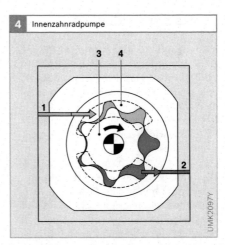

Innenzahnradpumpe

Bild 4
1 Saugöffnung
2 Auslass
3 Innenzahnrad
4 Außenzahnrad

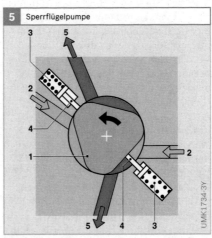

Sperrflügelpumpe

Bild 5
1 Rotor
2 Saugseite (Zulauf)
3 Feder
4 Sperrflügel
5 Druckseite

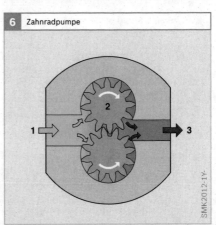

Zahnradpumpe

Bild 6
1 Saugseite
2 Antriebszahnrad
3 Druckseite

Kraftstoffrücklauf

Kühlung des Rücklaufs (nur für Pkw)

Die Kühlung des Kraftstoffs im Rücklauf erfolgt bei neueren Pkw-Systemen über einen Luftwärmetauscher am Unterboden des Fahrzeugs. Die Kühlung über einen Kraftstoff-Kühlkreislauf mit Wasserkühler (Bild 7) wird bei neuen Systemen nicht mehr eingesetzt.

Die Kühlung ist so ausgelegt, dass die Temperatur im Tank 80...90 °C nicht überschreitet. Dies dient einerseits dem Schutz der Tankeinbaueinheit und des Kraftstoffbehälters vor zu hohen Temperaturen (wichtig insbesondere bei Kunststofftanks), andererseits kann dadurch eine übermäßige Kraftstoffalterung infolge beschleunigter Oxidation des Kraftstoffs vermieden werden. Eine Absenkung der Kraftstofftemperatur um 10 °C vermindert die Oxidationsgeschwindigkeit ungefähr um die Hälfte (Arrhenius-Regel).

Kraftstoffrückführung

Pkw-System

Bei niedrigen Außentemperaturen und kaltem Motor wird der zurückfließende Kraftstoff nicht über den Wärmetauscher gekühlt, sondern direkt in den Kraftstofffilter geleitet (Bild 1). Von dort wird er nach erneuter Filtration direkt wieder dem Ein-

spritzsystem zugeführt. Durch die Erwärmung des Filtermediums schmelzen dort eventuell vorhandene Paraffinkristalle, die anderenfalls eine Verstopfung des Filters verursachen können. Außerdem wird durch den stark reduzierten Kraftstofffluss vom Tank die dem Filter zugeführte Paraffinmenge reduziert.

Die Fahrbarkeitsgrenze kann durch die Kraftstoffrückführung um einige Grad Celsius abgesenkt werden. Außerdem wird dem kalten Motor nicht zusätzlich Wärme entzogen, um an den Kraftstoffkühler und den Tank abgeführt zu werden.

Der Kraftstoffrücklauf zum Filter oder über den Kühler zurück zum Tank wird über ein Wachsdehnelement in Abhängigkeit von der Kraftstofftemperatur geregelt (Bild 8).

Nkw-System

Bei Nkw-Systemen wird der Kraftstoffrücklauf geteilt: Ein Teil des Kraftstoffs fließt direkt in den Tank zurück, während der andere Teil auf die Saugseite der Zahnradpumpe geleitet wird. Dadurch kann zum einen der Temperaturanstieg im Tank begrenzt werden, zum anderen wird der der Zahnradpumpe zugeleitete Kraftstoff nicht zu sehr abgekühlt. Bei niedrigen Temperaturen wird dadurch die Fahrbarkeitsgrenze abgesenkt.

Bild 7

1 Kraftstoffpumpe
2 Kraftstofftemperatursensor
3 Kraftstoffkühler
4 Kraftstoffbehälter
5 Ausgleichsbehälter
6 Motorkühlkreislauf
7 Kühlmittelpumpe
8 Zusatzkühler

Bild 8

1 Kraftstofffilter
2 zum Motor
3 Rücklauf
4 Vorlauf
5 bei warmem Vorlauf:
Fenster geöffnet →
Rücklauf zum Tank;
bei kaltem Vorlauf:
Fenster geschlossen
6 zur Schmutzseite

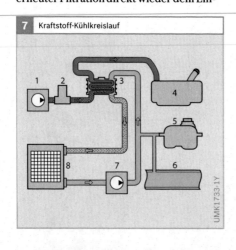

7 Kraftstoff-Kühlkreislauf

UMK1733-1Y

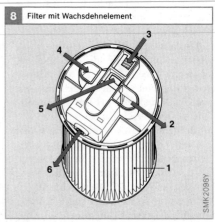

8 Filter mit Wachsdehnelement

SMK2098Y

Kraftstoffverteilung

Verteilerrohr

Bei den meisten Pkw-Systemen werden die einzelnen Injektoren über ein Kraftstoff-Verteilerrohr mit Kraftstoff versorgt. Das Verteilerrohr weist pro Unit Injector zwei Querbohrungen auf und liegt so in der Vorlaufbohrung des Zylinderkopfs, dass zwischen beiden ein Ringspalt entsteht (Bild 9, Pos. 4).

Bei Nkw-Systemen erfolgt die Kraftstoffversorgung der UIN und der UP über in das Kurbelgehäuse eingegossene Zulaufbohrungen. Die Tandempumpe (bei Nkw-Systemen die Zahnradpumpe) fördert den Kraftstoff in das Verteilerrohr bzw. in die Zulaufbohrung im Kurbelgehäuse. Der Kraftstoff strömt in den Ringspalt und vermischt sich dort mit dem aus den Injektoren zurückfließenden heißen Kraftstoff. Die Größen der Querbohrungen sind so gewählt, dass sich im Ringspalt entlang des Verteilerrohrs eine gleichmäßige Kraftstofftemperatur einstellt. Dies ist Voraussetzung dafür, dass alle Injektoren mit gleicher Kraftstoffmasse versorgt werden und damit auch für einen runden Motorlauf.

Einzelzuführung

Bei 5- und 10-Zylinder-UIS-Motoren sowie bei einigen UISN- und UPS-Ausführungen erfolgt die Kraftstoffzufuhr nicht über ein Verteilerrohr im Zylinderkopf, sondern über Einzelzuführungen. Die Vorlaufbohrung im Zylinderkopf entfällt und der Kraftstoff wird den einzelnen Pumpe-Düse-Einheiten über separate Leitungen zugeführt.

Weitere Komponenten

Kraftstoffbehälter

Der Kraftstoffbehälter speichert den Kraftstoff. Er muss korrosionsfest, explosionsgeschützt und bei doppeltem Betriebsdruck, mindestens aber 0,3 bar Überdruck, dicht sein. Auftretender Überdruck muss durch geeignete Öffnungen oder Sicherheitsventile entweichen. Bei Kurvenfahrt, Schräglage oder Stößen darf kein Kraftstoff aus dem Füllverschluss oder den Einrichtungen zum Druckausgleich ausfließen.

Kraftstoffleitungen

Für den Niederdruckbereich werden Schläuche aus Polyamid oder Metallrohre als Kraftstoffleitungen eingesetzt. Metallrohre dürfen keine katalytisch wirkenden Materialien wie z. B. Kupfer enthalten, weil diese die Kraftstoffalterung beschleunigen.

Die Leitungen müssen so angeordnet sein, dass mechanische Beschädigungen verhindert werden und abtropfender oder verdunstender Kraftstoff sich weder ansammeln noch entzünden kann. Kraftstoffleitungen dürfen bei Fahrzeugverwindung, Motorbewegung oder dergleichen nicht in ihrer Funktion beeinträchtigt werden.

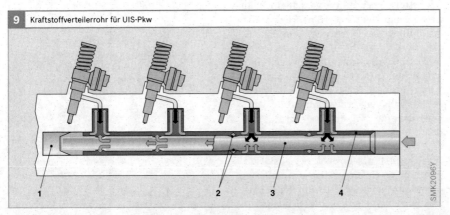

9 Kraftstoffverteilerrohr für UIS-Pkw

SMK2096Y

Bild 9
1 Vorlaufbohrung im Zylinderkopf
2 Querbohrungen
3 Verteilerrohr
4 Ringspalt

Dieselkraftstofffilter

Aufgaben

Zum Schutz des Einspritzsystems nimmt der Kraftstofffilter Verunreinigungen aus dem Kraftstoff auf und speichert sie dauerhaft. Die Lebensdauerauslegung des Einspritzsystems kann nur durch eine Mindestreinheit des Kraftstoffs sichergestellt werden. Partikel im Kraftstoff können die Einspritzanlage durch Erosion schädigen, freies Wasser kann zu Korrosion an Metalloberflächen führen.

Aufbau

Als Filtermedium werden spezielle Mikrofaserpapiere mit Harzimprägnierung eingesetzt, auf die eine zusätzliche Kunstfaserschicht (Meltblown) aufgebracht ist. Die Porosität und die Porenverteilung des Filterpapiers bestimmen den Schmutzabscheidegrad und den Durchflusswiderstand des Filters.

Das Filtermedium wird in einer bestimmten Geometrie in ein Gehäuse eingebaut. Beim Wickelfilter wird ein geprägtes Filterpapier in zahlreichen Lagen um ein Stützrohr gewickelt.

Beim Sternfilter (Bild 10) wird das Filterpapier sternförmig in das Gehäuse eingebracht. Der verunreinigte Kraftstoff durchfließt den Filter von außen nach innen.

Partikelfilterung

Der Kraftstofffilter hält Partikel aus dem Kraftstoff zurück, um die verschleißgefährdeten Komponenten des Einspritzsystems zu schützen. Das Einspritzsystem gibt die erforderliche Filterfeinheit vor. Darüber hinaus muss der Kraftstofffilter auch eine ausreichende Partikelspeicherkapazität aufweisen, da er sonst vor Ende des Wechselintervalls verstopfen kann. In diesem Fall würde die Kraftstofffördermenge und damit auch die Motorleistung sinken.

Dieselkraftstoff ist normalerweise stärker verunreinigt als Ottokraftstoff. Aus diesem Grund, aber auch wegen der höheren Einspritzdrücke, benötigen Diesel-Einspritzsysteme einen erhöhten Verschleißschutz und damit höhere Filtrierungskapazität. Dieselkraftstofffilter sind daher – im Gegensatz zu Benzinfiltern – immer als Wechselfilter ausgelegt.

Wasserabscheidung

Eine weitere Funktion des Dieselkraftstofffilters ist die Abscheidung von emulgiertem und ungelöstem Wasser aus dem Kraftstoff zur Vermeidung von Korrosionsschäden. Es ist ein Wasserabscheidegrad von $\geq 93\,\%$ (DIN ISO 4020) erforderlich.

Der tatsächliche Abscheidegrad im Betrieb kann jedoch beeinträchtigt werden
▶ durch eine erhöhte Kraftstoff-Durchflussmenge,
▶ durch Additive im Kraftstoff,
▶ durch den Einsatz einer Vorförderpumpe vor dem Filter (das Wasser wird feiner emulgiert und infolgedessen weniger gut abgeschieden).

Die im Kraftstoff mitgeführten, feinstverteilten Wassertröpfchen setzen sich auf dem Meltblown ab und fließen zu größeren Tröpfchen zusammen (Koaleszenzeffekt). Da Wasser eine größere Dichte als der Kraftstoff hat, sinken die Wassertröpfchen auf den Boden des Filters in den Wassersammelraum. Dort wird der Wasserstand durch einen Sensor erfasst. Das Wasser wird über eine Ablassschraube abgelassen.

10 Dieselkraftstofffilter mit Sterneinsatz

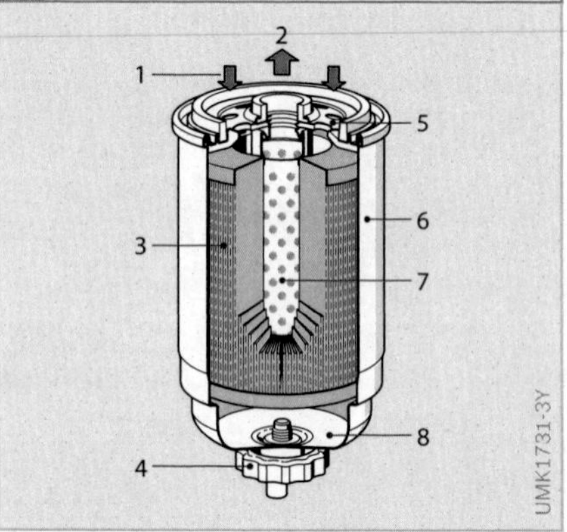

Bild 10
1 Zulauf
2 Ablauf
3 Filterelement
4 Wasserablassschraube
5 Deckel
6 Gehäuse
7 Stützrohr
8 Wasserspeicherraum

UMK1731-3Y

Filtermechanismen

Die Reinigungswirkung des Kraftstofffilters beruht zum Teil auf dem Siebeffekt, d. h. darauf, dass die Schmutzpartikel aufgrund ihrer Größe die kleinen Poren des Filtermediums nicht passieren können. Doch auch Partikel, die so klein sind, dass sie zwischen den einzelnen Fasern des Filtermediums hindurchgespült werden können, werden am Filter abgeschieden. Sie bleiben im Innern des Filtermediums an einzelnen Fasern haften. Dabei unterscheidet man drei Mechanismen:

Beim Sperreffekt werden die Partikel mit der Kraftstoffströmung um die Faser herum gespült, berühren diese jedoch am Rand und werden durch Van-der-Waals-Kräfte dort gehalten. Dies funktioniert umso besser, je näher ein Partikel an einer Filterfaser vorbeizieht. Kraftstoff- und Ölfilterung beruhen in erster Linie auf diesem Effekt.

Andere Partikel folgen aufgrund ihrer Massenträgheit nicht dem Kraftstoffstrom um die Filterfaser, sondern stoßen frontal auf sie (Trägheits- oder Aufpralleffekt). Je schwerer und schneller ein Partikel ist, desto eher kann es durch diesen Effekt aus dem Kraftstoff herausgefiltert werden.

Beim Diffusionseffekt berühren sehr kleine Partikel aufgrund ihrer Eigenbewegung, der Brown'schen Molekularbewegung, zufällig eine Filterfaser, an der sie haften bleiben. Dieser Effekt ist nur bei Partikeln wirksam, die kleiner sind als ca. 0,5 µm.

Van-der-Waals-Kraft

Die Van-der-Waals-Kraft beruht auf der Anziehungskraft zwischen elektrischen Dipolen. Durch eine ungleichmäßige Verteilung der freien Elektronen eines Moleküls kann dieses vorübergehend auf der einen Seite eine positive, auf der anderen Seite eine negative Partialladung aufweisen. Das Molekül bildet so einen temporären Dipol, der eine Anziehungskraft auf andere Moleküle mit ungleichmäßiger Ladungsverteilung ausübt.

Die Van-der-Waals-Kraft zwischen zwei Molekülen ist äußerst schwach. Dennoch hält sie nicht nur Schmutzpartikel im Kraftstofffilter, sondern auch den Gecko an der Decke: Seine Füße sind mit Millionen feinster Härchen bewachsen – diese ergeben zusammen eine so enorme Kontaktfläche mit dem Untergrund, dass alleine intermolekulare Kräfte den Gecko halten können.

SAN01211Y

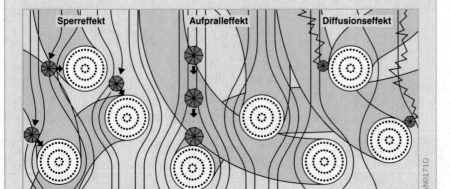

Sperreffekt   Aufpralleffekt   Diffusionseffekt

SAN0171D

Elektronische Dieselregelung EDC

Die elektronische Steuerung des Dieselmotors erlaubt eine exakte und differen-
zierte Gestaltung der Einspritzgrößen.
Nur so können die vielen Anforderungen
erfüllt werden, die an einen modernen
Dieselmotor gestellt werden. Die Elektronische Dieselregelung EDC (Electronic
Diesel Control) wird in die drei Systemblöcke Sensoren/Sollwertgeber, Steuergerät und Stellglieder (Aktoren) unter-
teilt.

Systemübersicht

Anforderungen

Die Senkung des Kraftstoffverbrauchs und
der Schadstoffemissionen (NO_X, CO, HC,
Partikel) bei gleichzeitiger Leistungsstei-
gerung bzw. Drehmomenterhöhung der
Motoren bestimmt die aktuelle Entwicklung auf dem Gebiet der Dieseltechnik. Konventionelle indirekt einspritzende Motoren
(IDI) konnten die gestellten Anforderungen
nicht erfüllen.

Stand der Technik sind heute direkt einspritzende Dieselmotoren (DI) mit hohen
Einspritzdrücken für eine gute Gemischbildung. Die Einspritzsysteme unterstützen
mehrere Einspritzungen: Voreinspritzung
(VE), Haupteinspritzung (HE) und Nacheinspritzung (NE). Die Einspritzungen werden
zumeist elektronisch gestellt (VE bei UIS-
Pkw jedoch mechanisch).

Weiterhin wirken sich die hohen An-
sprüche an den Fahrkomfort auf die Entwicklung moderner Dieselmotoren aus.
Auch an die Schadstoff- und Geräuschemissionen werden immer höhere Forderungen
gestellt.

Daraus ergeben sich gestiegene An-
sprüche an das Einspritzsystem und dessen
Regelung in Bezug auf:
- hohe Einspritzdrücke,
- Einspritzverlaufsformung,
- Voreinspritzung und gegebenenfalls
  Nacheinspritzung,
- Anpassung von Einspritzmenge, Ladedruck und Spritzbeginn an den jeweiligen Betriebszustand,
- temperaturabhängige Startmenge,
- lastunabhängige Leerlaufdrehzahl-
  regelung,
- geregelte Abgasrückführung,
- Fahrgeschwindigkeitsregelung,
- geringe Toleranzen der Einspritzzeit
  und -menge und hohe Genauigkeit während der gesamten Lebensdauer (Lang-
  zeitverhalten),
- Unterstützung von Abgasnachbehandlungssystemen.

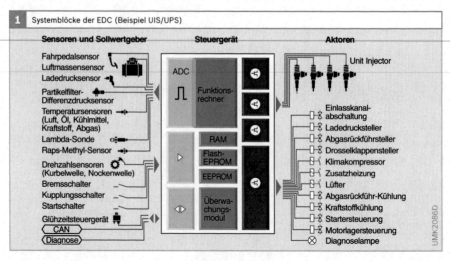

1   Systemblöcke der EDC (Beispiel UIS/UPS)

Sensoren und Sollwertgeber   **Steuergerät**   **Aktoren**

Fahrpedalsensor
Luftmassensensor
Ladedrucksensor
Partikelfilter-
Differenzdrucksensor
Temperatursensoren
(Luft, Öl, Kühlmittel,
Kraftstoff, Abgas)
Lambda-Sonde
Raps-Methyl-Sensor
Drehzahlsensoren
(Kurbelwelle, Nockenwelle)
Bremsschalter
Kupplungsschalter
Startschalter
Glühzeitsteuergerät
CAN
Diagnose

ADC
Funktions-
rechner
RAM
Flash-
EPROM
EEPROM
Überwa-
chungs-
modul

Unit Injector
Einlasskanal-
abschaltung
Ladedrucksteller
Abgasrückführsteller
Drosselklappensteller
Klimakompressor
Zusatzheizung
Lüfter
Abgasrückführ-Kühlung
Kraftstoffkühlung
Startersteuerung
Motorlagersteuerung
Diagnoselampe

UMK2086D

Die herkömmliche mechanische Drehzahlregelung erfasst mit diversen Anpassvorrichtungen die verschiedenen Betriebszustände und gewährleistet eine hohe Qualität der Gemischaufbereitung. Sie beschränkt sich allerdings auf einen einfachen Regelkreis am Motor und kann verschiedene wichtige Einflussgrößen nicht bzw. nicht schnell genug erfassen.

Die EDC entwickelte sich mit den steigenden Anforderungen zu einer komplexen elektronischen Motorsteuerung, die eine Vielzahl von Daten in Echtzeit verarbeiten kann. Über die reine Motorsteuerung hinaus wird eine Reihe von Komfortfunktionen (z. B. Fahrgeschwindigkeitsregler) unterstützt. Die EDC kann Teil eines elektronischen Fahrzeuggesamtsystems sein (drive by wire). Durch die zunehmende Integration der elektronischen Komponenten kann die komplexe Elektronik auf engstem Raum untergebracht werden.

Arbeitsweise

Die Elektronische Dieselregelung (EDC) ist durch die in den letzten Jahren stark gestiegene Rechenleistung der verfügbaren Mikrocontroller in der Lage, die genannten Anforderungen zu erfüllen.

Im Gegensatz zu Dieselfahrzeugen mit konventionellen mechanisch geregelten Einspritzpumpen hat der Fahrer bei einem EDC-System keinen direkten Einfluss auf die eingespritzte Kraftstoffmenge, z. B. über das Fahrpedal und einen Seilzug. Die Einspritzmenge wird vielmehr durch verschiedene Einflussgrößen bestimmt. Dies sind z. B.:

▶ Fahrerwunsch (Fahrpedalstellung),
▶ Betriebszustand,
▶ Motortemperatur,
▶ Eingriffe weiterer Systeme (z. B. ASR),
▶ Auswirkungen auf die Schadstoffemissionen usw.

Die Einspritzmenge wird aus diesen Einflussgrößen im Steuergerät errechnet. Auch der Einspritzzeitpunkt kann variiert werden. Dies bedingt ein umfangreiches Überwachungskonzept, das auftretende Abweichungen erkennt und gemäß den Auswirkungen entsprechende Maßnahmen einleitet (z. B. Drehmomentbegrenzung oder Notlauf im Leerlaufdrehzahlbereich). In der EDC sind deshalb mehrere Regelkreise enthalten.

Die Elektronische Dieselregelung ermöglicht auch einen Datenaustausch mit anderen elektronischen Systemen wie z. B. Antriebsschlupfregelung (ASR), Elektronische Getriebesteuerung (EGS) oder Fahrdynamikregelung mit dem Elektronischen Stabilitäts-Programm (ESP). Damit kann die Motorsteuerung in das Fahrzeug-Gesamtsystem integriert werden (z. B. Motormomentreduzierung beim Schalten des Automatikgetriebes, Anpassen des Motormoments an den Schlupf der Räder usw.).

Das EDC-System ist vollständig in das Diagnosesystem des Fahrzeugs integriert. Es erfüllt alle Anforderungen der OBD (On-Board-Diagnose) und EOBD (European OBD).

Systemblöcke

Die Elektronische Dieselregelung (EDC) gliedert sich in drei Systemblöcke (Bild 1):

1. *Sensoren und Sollwertgeber* erfassen die Betriebsbedingungen (z. B. Motordrehzahl) und Sollwerte (z. B. Schalterstellung). Sie wandeln physikalische Größen in elektrische Signale um.

2. *Das Steuergerät* verarbeitet die Informationen der Sensoren und Sollwertgeber in mathematischen Rechenvorgängen (Steuer- und Regelalgorithmen). Es steuert die Stellglieder mit elektrischen Ausgangssignalen an. Ferner stellt das Steuergerät die Schnittstelle zu anderen Systemen und zur Fahrzeugdiagnose her.

3. *Stellglieder* (Aktoren) setzen die elektrischen Ausgangssignale des Steuergeräts in mechanische Größen um (z. B. Hub der Magnetventilnadel).

Unit Injector System UIS für Pkw

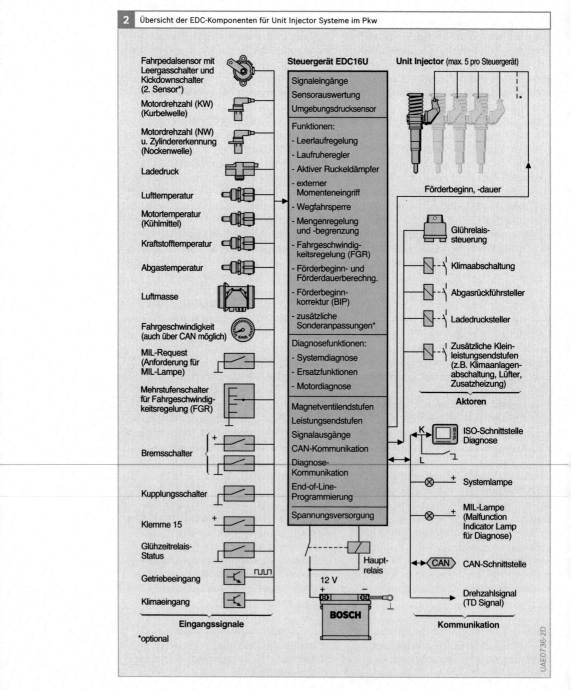

2 Übersicht der EDC-Komponenten für Unit Injector Systeme im Pkw

Fahrpedalsensor mit Leergasschalter und Kickdownschalter (2. Sensor*)

Motordrehzahl (KW) (Kurbelwelle)

Motordrehzahl (NW) u. Zylindererkennung (Nockenwelle)

Ladedruck

Lufttemperatur

Motortemperatur (Kühlmittel)

Kraftstofftemperatur

Abgastemperatur

Luftmasse

Fahrgeschwindigkeit (auch über CAN möglich)

MIL-Request (Anforderung für MIL-Lampe)

Mehrstufenschalter für Fahrgeschwindigkeitsregelung (FGR)

Bremsschalter

Kupplungsschalter

Klemme 15

Glühzeitrelais-Status

Getriebeeingang

Klimaeingang

Eingangssignale

*optional

Steuergerät EDC16U

Signaleingänge
Sensorauswertung
Umgebungsdrucksensor

Funktionen:
- Leerlaufregelung
- Laufruheregler
- Aktiver Ruckeldämpfer
- externer Momenteneingriff
- Wegfahrsperre
- Mengenregelung und -begrenzung
- Fahrgeschwindigkeitsregelung (FGR)
- Förderbeginn- und Förderdauerberechng.
- Förderbeginnkorrektur (BIP)
- zusätzliche Sonderanpassungen*

Diagnosefunktionen:
- Systemdiagnose
- Ersatzfunktionen
- Motordiagnose

Magnetventilendstufen
Leistungsendstufen
Signalausgänge
CAN-Kommunikation
Diagnose-Kommunikation
End-of-Line-Programmierung
Spannungsversorgung

Unit Injector (max. 5 pro Steuergerät)

Förderbeginn, -dauer

Glührelaissteuerung

Klimaabschaltung

Abgasrückführsteller

Ladedrucksteller

Zusätzliche Kleinleistungsendstufen (z.B. Klimaanlagenabschaltung, Lüfter, Zusatzheizung)

Aktoren

ISO-Schnittstelle Diagnose

Systemlampe

MIL-Lampe (Malfunction Indicator Lamp für Diagnose)

CAN-Schnittstelle

Drehzahlsignal (TD Signal)

Kommunikation

Haupt-relais

12 V

BOSCH

UAE0736-2D

Unit Injector System UIS
und Unit Pump System UPS für Nkw

3 Übersicht der EDC-Komponenten für Unit Injector System und Unit Pump System im Nkw

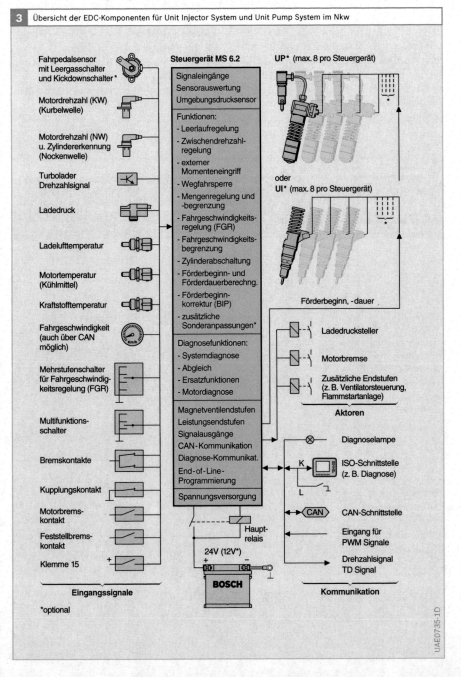

Fahrpedalsensor
mit Leergasschalter
und Kickdownschalter *

Motordrehzahl (KW)
(Kurbelwelle)

Motordrehzahl (NW)
u. Zylindererkennung
(Nockenwelle)

Turbolader
Drehzahlsignal

Ladedruck

Ladelufttemperatur

Motortemperatur
(Kühlmittel)

Kraftstofftemperatur

Fahrgeschwindigkeit
(auch über CAN
möglich)

Mehrstufenschalter
für Fahrgeschwindig-
keitsregelung (FGR)

Multifunktions-
schalter

Bremskontakte

Kupplungskontakt

Motorbrems-
kontakt

Feststellbrems-
kontakt

Klemme 15

Eingangssignale

*optional

Steuergerät MS 6.2

Signaleingänge
Sensorauswertung
Umgebungsdrucksensor

Funktionen:
- Leerlaufregelung
- Zwischendrehzahl-
  regelung
- externer
  Momenteneingriff
- Wegfahrsperre
- Mengenregelung und
  -begrenzung
- Fahrgeschwindigkeits-
  regelung (FGR)
- Fahrgeschwindigkeits-
  begrenzung
- Zylinderabschaltung
- Förderbeginn- und
  Förderdauerberechng.
- Förderbeginn-
  korrektur (BIP)
- zusätzliche
  Sonderanpassungen*

Diagnosefunktionen:
- Systemdiagnose
- Abgleich
- Ersatzfunktionen
- Motordiagnose

Magnetventilendstufen
Leistungsendstufen
Signalausgänge
CAN-Kommunikation
Diagnose-Kommunikat.
End-of-Line-
Programmierung

Spannungsversorgung

Haupt-
relais

24V (12V*)

BOSCH

UP* (max. 8 pro Steuergerät)

oder
UI* (max. 8 pro Steuergerät)

Förderbeginn, -dauer

Ladedrucksteller

Motorbremse

Zusätzliche Endstufen
(z. B. Ventilatorsteuerung,
Flammstartanlage)

Aktoren

Diagnoselampe

ISO-Schnittstelle
(z. B. Diagnose)

K

L

CAN-Schnittstelle

Eingang für
PWM Signale

Drehzahlsignal
TD Signal

Kommunikation

UAE0735-1D

Regelung der Einspritzung

Tabelle 1 gibt eine Übersicht über die EDC-Funktionen, die beim UIS/UPS und bei anderen Einspritzsystemen realisiert sind. Bild 4 zeigt den Ablauf der Einspritzberechnung mit allen Funktionen. Einige Funktionen sind Sonderausstattungen. Sie können bei Nachrüstungen auch nachträglich vom Kundendienst im Steuergerät aktiviert werden.

Damit der Motor in jedem Betriebszustand mit optimaler Verbrennung arbeitet, wird die jeweils passende Einspritzmenge im Steuergerät berechnet. Dabei müssen verschiedene Größen berücksichtigt werden. Bei einigen magnetventilgesteuerten Verteilereinspritzpumpen erfolgt die Ansteuerung der Magnetventile für Einspritzmenge und Spritzbeginn über ein separates **Pumpensteuergerät PSG**.

1 Funktionsübersicht der EDC-Varianten für Kraftfahrzeuge

Einspritzsystem	Reiheneinspritzpumpen PE	Kantengesteuerte Verteilereinspritzpumpen VE-EDC	Magnetventilgesteuerte Verteilereinspritzpumpen VE-M, VR-M	Unit Injector System und Unit Pump System UIS, UPS	Common Rail System CR
Funktion					
Begrenzungsmenge	•	•	•	•	•
Externer Momenteneingriff	• ³)	•	•	•	•
Fahrgeschwindigkeitsbegrenzung	• ³)	•	•	•	•
Fahrgeschwindigkeitsregelung	•	•	•	•	•
Höhenkorrektur	•	•	•	•	•
Ladedruckregelung	•	•	•	•	•
Leerlaufregelung	•	•	•	•	•
Zwischendrehzahlregelung	• ³)	•	•	•	•
Aktive Ruckeldämpfung	• ²)	•	•	•	•
BIP-Regelung	–	–	–	•	–
Einlasskanalabschaltung	–	–	•	• ²)	•
Elektronische Wegfahrsperre	• ²)	•	•	•	•
Gesteuerte Voreinspritzung	–	–	•	• ²)	•
Glühzeitsteuerung	• ²)	•	•	• ²)	•
Klimaabschaltung	• ²)	•	•	•	•
Kühlmittelzusatzheizung	• ²)	•	•	• ²)	•
Laufruheregelung	• ²)	•	•	•	•
Mengenausgleichsregelung	• ²)	–	•	•	•
Lüfteransteuerung	–	•	•	•	•
Regelung der Abgasrückführung	• ²)	•	•	•	•
Spritzbeginnregelung mit Sensor	• ¹) ³)	•	•	•	•
Zylinderabschaltung	–	–	• ³)	• ³)	• ³)
Inkrementwinkel-Lernen	–	–	–	•	–
Inkrementwinkel-Verschleifen	–	–	–	• ²)	–

Tabelle 1

¹) Nur Hubschieber-Reiheneinspritzpumpen

²) nur Pkw

³) nur Nkw

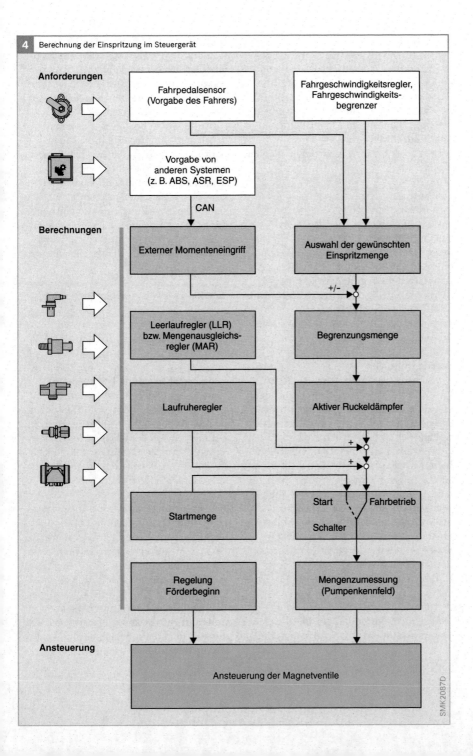

4 Berechnung der Einspritzung im Steuergerät

Anforderungen

Fahrpedalsensor
(Vorgabe des Fahrers)

Fahrgeschwindigkeitsregler,
Fahrgeschwindigkeits-
begrenzer

Vorgabe von
anderen Systemen
(z. B. ABS, ASR, ESP)

CAN

Berechnungen

Externer Momenteneingriff

Auswahl der gewünschten
Einspritzmenge

+/−

Leerlaufregler (LLR)
bzw. Mengenausgleichs-
regler (MAR)

Begrenzungsmenge

Laufruheregler

Aktiver Ruckeldämpfer

+

+

Startmenge

Start   Fahrbetrieb

Schalter

Regelung
Förderbeginn

Mengenzumessung
(Pumpenkennfeld)

Ansteuerung

Ansteuerung der Magnetventile

SMK2087D

Startmenge

Beim Starten wird die Einspritzmenge abhängig von der Kühlmitteltemperatur und der Drehzahl berechnet. Die Signale für die Startmenge werden vom Einschalten des Fahrtschalters (Bild 4, Schalter geht in Stellung „Start") bis zum Erreichen einer Mindestdrehzahl ausgegeben.

Der Fahrer hat auf die Startmenge keinen Einfluss.

Fahrbetrieb

Im normalen Fahrbetrieb wird die Einspritzmenge abhängig von Fahrpedalstellung (Fahrpedalsensor) und Drehzahl berechnet (Bild 4, Schalterstellung „Fahrbetrieb"). Die Berechnung stützt sich auf Kennfelder, die auch andere Einflussgrößen berücksichtigen (z. B. Kraftstoff-, Kühlmittel- und Ansauglufttemperatur). Fahrerwunsch und Motorleistung sind somit bestmöglich aufeinander abgestimmt.

Leerlaufregelung

Aufgabe der Leerlaufregelung (LLR) ist es, im Leerlauf bei nicht betätigtem Fahrpedal eine definierte Solldrehzahl einzuregeln. Diese Solldrehzahl kann je nach Betriebszustand des Motors variieren; so wird zum Beispiel bei kaltem Motor meist eine höhere Leerlaufdrehzahl eingestellt als bei warmem Motor. Zusätzlich kann z. B. bei zu niedriger Bordspannung, eingeschalteter Klimaanlage oder rollendem Fahrzeug ebenfalls die Leerlauf-Solldrehzahl angehoben werden. Da der Motor im dichten Straßenverkehr relativ häufig im Leerlauf betrieben wird (z. B. „Stop and Go" oder Halt an Ampeln), sollte die Leerlaufdrehzahl aus Emissions- und Verbrauchsgründen möglichst niedrig sein. Dies bringt jedoch Nachteile für die Laufruhe des Motors und für das Anfahrverhalten mit sich.

Die Leerlaufregelung muss bei der Einregelung der vorgegebenen Solldrehzahl mit sehr stark schwankenden Anforderungen zurechtkommen. Der Leistungsbedarf der vom Motor angetriebenen Nebenaggregate ist in weiten Grenzen variabel.

Der Generator beispielsweise nimmt bei niedriger Bordspannung viel mehr Leistung auf als bei hoher; hinzu kommen Anforderungen des Klimakompressors, der Lenkhilfepumpe, der Hochdruckerzeugung für die Dieseleinspritzung usw. Zu diesen externen Lastmomenten kommt noch das interne Reibmoment des Motors, das stark von der Motortemperatur abhängt und ebenfalls vom Leerlaufregler ausgeglichen werden muss.

Zum Einregeln der Leerlauf-Solldrehzahl passt der Leerlaufregler die Einspritzmenge so lange an, bis die gemessene Istdrehzahl gleich der vorgegebenen Solldrehzahl ist.

Enddrehzahlregelung (Abregelung)

Aufgabe der Enddrehzahlregelung (auch Abregelung genannt) ist es, den Motor vor unzulässig hohen Drehzahlen zu schützen. Der Motorhersteller gibt hierzu eine zulässige Maximaldrehzahl vor, die nicht für längere Zeit überschritten werden darf, da sonst der Motor geschädigt wird.

Die Abregelung reduziert die Einspritzmenge oberhalb des Nennleistungspunktes des Motors kontinuierlich. Kurz oberhalb der maximalen Motordrehzahl findet keine Einspritzung mehr statt. Die Abregelung muss aber möglichst weich erfolgen, um ein ruckartiges Abregeln des Motors beim Beschleunigen zu verhindern (Rampenfunktion). Dies ist umso schwieriger zu realisieren, je dichter Nennleistungspunkt und Maximaldrehzahl zusammenliegen.

Zwischendrehzahlregelung

Die Zwischendrehzahlregelung (ZDR) wird für Nkw und Kleinlaster mit Nebenabtrieben (z. B. Kranbetrieb) oder für Sonderfahrzeuge (z. B. Krankenwagen mit Stromgenerator) eingesetzt. Ist sie aktiviert, wird der Motor auf eine lastunabhängige Zwischendrehzahl geregelt.

Die Zwischendrehzahlregelung wird über das Bedienteil der Fahrgeschwindigkeitsregelung bei Fahrzeugstillstand aktiviert. Auf Tastendruck lässt sich eine Festdrehzahl im Datenspeicher abrufen. Zusätzlich lassen sich über dieses Bedienteil beliebige Drehzahlen vorwählen.

Bei Pkw mit automatisiertem Schaltgetriebe (z. B. Tiptronic) wird die ZDR zur Regelung der Motordrehzahl während des Schaltvorgangs eingesetzt.

Fahrgeschwindigkeitsregelung

Der Fahrgeschwindigkeitsregler (auch Tempomat genannt) ermöglicht das Fahren mit konstanter Geschwindigkeit. Er regelt die Geschwindigkeit des Fahrzeugs auf einen gewünschten Wert ein, ohne dass der Fahrer das Fahrpedal betätigen muss. Dieser Wert kann über einen Bedienhebel oder über Lenkradtasten eingestellt werden. Die Einspritzmenge wird erhöht oder verringert, bis die gemessene Ist-Geschwindigkeit der eingestellten Soll-Geschwindigkeit entspricht.

Bei einigen Fahrzeugapplikationen kann durch Betätigen des Fahrpedals über die momentane Soll-Geschwindigkeit hinaus beschleunigt werden. Wird das Fahrpedal wieder losgelassen, regelt der Fahrgeschwindigkeitsregler die letzte gültige Soll-Geschwindigkeit wieder ein.

Tritt der Fahrer bei eingeschaltetem Fahrgeschwindigkeitsregler auf das Kupplungs- oder Bremspedal, so wird der Regelvorgang abgeschaltet. Bei einigen Applikationen kann auch über das Fahrpedal ausgeschaltet werden.

Bei ausgeschaltetem Fahrgeschwindigkeitsregler kann mithilfe der Wiederaufnahmestellung des Bedienhebels die letzte gültige Soll-Geschwindigkeit wieder eingestellt werden. Eine stufenweise Veränderung der Soll-Geschwindigkeit über die Bedienelemente ist ebenfalls möglich.

Fahrgeschwindigkeitsbegrenzung

Variable Begrenzung

Die Fahrgeschwindigkeitsbegrenzung (FGB, auch Limiter genannt) begrenzt die maximale Geschwindigkeit auf einen eingestellten Wert, auch wenn das Fahrpedal weiter betätigt wird. Dies ist vor allem bei leisen Fahrzeugen eine Hilfe für den Fahrer, der damit Geschwindigkeitsbegrenzungen nicht unabsichtlich überschreiten kann.

Die Fahrgeschwindigkeitsbegrenzung begrenzt die Einspritzmenge entsprechend der maximalen Soll-Geschwindigkeit. Sie wird durch den Bedienhebel oder durch „Kick-down" abgeschaltet. Die letzte gültige Soll-Geschwindigkeit kann mit Hilfe der Wiederaufnahmestellung des Bedienhebels wieder aufgerufen werden. Eine stufenweise Veränderung der Soll-Geschwindigkeit über den Bedienhebel ist ebenfalls möglich.

Feste Begrenzung

In vielen Staaten schreibt der Gesetzgeber feste Höchstgeschwindigkeiten für bestimmte Fahrzeugklassen vor (z. B. für schwere Nkw). Auch die Fahrzeughersteller begrenzen die maximale Geschwindigkeit durch eine feste Fahrgeschwindigkeitsbegrenzung. Sie kann nicht abgeschaltet werden.

Bei Sonderfahrzeugen können auch fest einprogrammierte Geschwindigkeitsgrenzen vom Fahrer angewählt werden (z. B. wenn bei Müllwagen Personen auf den hinteren Trittflächen stehen).

Aktive Ruckeldämpfung

Bei plötzlichen Lastwechseln regt die Drehmomentänderung des Motors den Fahrzeugantriebsstrang zu Ruckelschwingungen an. Fahrzeuginsassen nehmen diese Ruckelschwingungen als unangenehme periodische Beschleunigungsänderungen wahr (Bild 5, Kurve a). Aufgabe des Aktiven Ruckeldämpfers (ARD) ist es, diese Beschleunigungsänderungen zu verringern (b). Dies geschieht durch zwei getrennte Maßnahmen:

▸ Bei plötzlichen Änderungen des vom Fahrer gewünschten Drehmoments (Fahrpedal) reduziert eine genau abgestimmte Filterfunktion die Anregung des Triebstrangs (1).
▸ Schwingungen des Triebstrangs werden anhand des Drehzahlsignals erkannt und über eine aktive Regelung gedämpft. Diese reduziert die Einspritzmenge bei ansteigender Drehzahl und erhöht sie bei fallender Drehzahl, um so den entstehenden Drehzahlschwingungen entgegenzuwirken (2).

Laufruheregelung/Mengenausgleichsregelung

Nicht alle Zylinder eines Motors erzeugen bei gleicher Einspritzdauer das gleiche Drehmoment. Dies kann an Unterschieden in der Zylinderverdichtung, in der Zylinderreibung oder in den hydraulischen Einspritzkomponenten liegen. Folge dieser Drehmomentunterschiede ist ein unrunder Motorlauf und eine Erhöhung der Motoremissionen.

Die Laufruheregelung (LRR) bzw. die Mengenausgleichsregelung (MAR) hat die Aufgabe, solche Unterschiede anhand der daraus resultierenden Drehzahlschwankungen zu erkennen und über eine Anpassung der Einspritzmenge des betreffenden Zylinders auszugleichen. Hierzu wird die Drehzahl nach der Einspritzung in einen bestimmten Zylinder mit einer gemittelten Drehzahl verglichen. Liegt die Drehzahl des betreffenden Zylinders zu tief, wird die Einspritzmenge erhöht; liegt sie zu hoch, muss die Einspritzmenge reduziert werden (Bild 6).

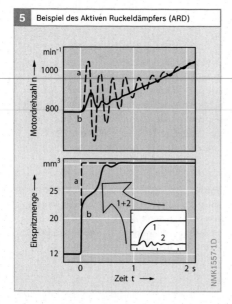

5   Beispiel des Aktiven Ruckeldämpfers (ARD)

Bild 5
a   ohne aktiven Ruckeldämpfer
b   mit aktivem Ruckeldämpfer
1   Filterfunktion
2   aktive Korrektur

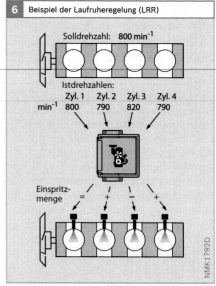

6   Beispiel der Laufruheregelung (LRR)

Die Laufruheregelung ist eine Komfortfunktion, deren primäres Ziel die Verbesserung der Motorlaufruhe im Bereich der Leerlaufdrehzahl ist. Die Mengenausgleichsregelung soll zusätzlich zur Komfortverbesserung im Leerlauf die Emissionen im mittleren Drehzahlbereich durch eine Gleichstellung der Einspritzmengen der Motorzylinder verbessern.

Für Nkw wird die Mengenausgleichsregelung auch AZG (Adaptive Zylindergleichstellung) bzw. SRC (Smooth Running Control) genannt.

Begrenzungsmenge
Würde immer die vom Fahrer gewünschte oder physikalisch mögliche Kraftstoffmenge eingespritzt werden, könnten folgende Effekte auftreten:
▸ zu hohe Schadstoffemissionen,
▸ zu hoher Rußausstoß,
▸ mechanische Überlastung wegen zu hohem Drehmoment oder Überdrehzahl,
▸ thermische Überlastung wegen zu hoher Abgas-, Kühlmittel-, Öl- oder Turboladertemperatur oder
▸ thermische Überlastung der Magnetventile durch zu lange Ansteuerzeiten.

Um diese unerwünschten Effekte zu vermeiden, wird eine Begrenzung aus verschiedenen Eingangsgrößen gebildet (z. B. angesaugte Luftmasse, Drehzahl und Kühlmitteltemperatur). Die maximale Einspritzmenge und damit das maximale Drehmoment werden somit begrenzt.

Motorbremsfunktion
Beim Betätigen der Motorbremse von Nkw wird die Einspritzmenge alternativ entweder auf Null- oder Leerlaufmenge eingeregelt. Das Steuergerät erfasst für diesen Zweck die Stellung des Motorbremsschalters.

Höhenkorrektur
Mit steigender Höhe nimmt der Atmosphärendruck ab. Somit wird auch die Zylinderfüllung mit Verbrennungsluft geringer. Deshalb muss die Einspritzmenge reduziert werden. Würde die gleiche Menge wie bei hohem Atmosphärendruck eingespritzt, käme es wegen Luftmangel zu starkem Rauchausstoß.

Der Atmosphärendruck wird vom Umgebungsdrucksensor im Steuergerät erfasst. Damit kann die Einspritzmenge in großen Höhen reduziert werden. Der Atmosphärendruck hat auch Einfluss auf die Ladedruckregelung und die Drehmomentbegrenzung.

Zylinderabschaltung
Wird bei hohen Motordrehzahlen ein geringes Drehmoment gewünscht, muss sehr wenig Kraftstoff eingespritzt werden. Eine andere Möglichkeit zur Reduzierung des Drehmoments ist die Zylinderabschaltung. Hierbei wird die Hälfte der Injektoren abgeschaltet (UIS-Nkw, UPS, Common Rail-System). Die verbleibenden Injektoren spritzen dann eine entsprechend höhere Kraftstoffmenge ein. Diese Menge kann mit höherer Genauigkeit zugemessen werden.

Durch spezielle Software-Algorithmen können weiche Übergänge ohne spürbare Drehmomentänderungen beim Zu- und Abschalten der Injektoren erreicht werden.

Regeneration von Abgasnachbehandlungssystemen

Die Abgasgrenzwerte werden in Zukunft nicht mehr allein durch innermotorische Maßnahmen zu erfüllen sein. Dies macht den Einsatz von Abgasnachbehandlungssystemen wie Dieselpartikelfilter oder NO_X-Katalysatoren erforderlich. Diese Systeme speichern Schadstoffe ein und müssen zu bestimmten Zeitpunkten regeneriert werden. Dazu sind definierte Abgastemperaturen erforderlich, die im normalen Fahrbetrieb in der Regel selten erreicht werden. Die EDC stellt Funktionen zur Bestimmung der Regenerationszeitpunkte zur Verfügung und leitet Maßnahmen zur Erhöhung der Abgastemperatur ein (z. B. angelagerte Nacheinspritzung, Spätverstellung der Haupteinspritzung).

Inkrementwinkel-Lernen (UIS-Pkw)

Für eine genaue Mengenzumessung benötigt das Unit Injector System eine genaue Winkelinformation. Die Genauigkeit wird jedoch durch Winkeltoleranzen beeinträchtigt, die durch Ungenauigkeiten des Kurbelwellen-Geberrades selbst, durch den Sensor oder durch Einflüsse anderer Komponenten auf das Winkelgebersystem verursacht werden können.

Mit dem Inkrementwinkel-Lernverfahren werden die Winkeltoleranzen des Kurbelwellen-Geberrades eingelernt. Das Einlernen findet im Schubbetrieb bei annähernd konstanter Motordrehzahl statt. Die gemessenen Winkelabweichungen werden um Störeffekte bereinigt und die korrigierte Winkelinformation wird für die Ansteuerung der Injektoren verwendet.

Inkrementwinkel-Verschleifen (UIS-Pkw)

Das Winkelsystem extrapoliert aus den Zahnflanken des Kurbelwellengebers eine höher aufgelöste Winkelinformation. Aufgrund der Dynamik im Drehzahlsignal kommt es hier bei jeder neuen Zahnflanke zu einem Springen der Winkelinformation. Dies führt bei Einspritzsystemen mit winkelbasierter Mengenzumessung zu schwankenden Einspritzmengen. Die Funktion Inkrementwinkel-Verschleifen passt die Winkelberechnung derart an, dass an Zahnflanken keine Sprünge mehr auftreten. Die Winkeldifferenz zwischen steuergeräte-interner Winkelinformation und der des Kurbelwellengebers wird bis zur nächsten Zahnflanke an den Wert des Kurbelwellengebers angeglichen.

Spritzbeginnregelung

Der Spritzbeginn hat einen starken Einfluss auf Leistung, Kraftstoffverbrauch, Geräuschemissionen und Abgasverhalten. Sein Sollwert hängt von der Motordrehzahl und der Einspritzmenge ab. Er ist im Steuergerät in Kennfeldern gespeichert. Weiterhin kann eine Korrektur in Abhängigkeit von der Kühlmitteltemperatur und dem Umgebungsdruck erfolgen.

Fertigungs- und Anbautoleranzen der Unit Injector-Einheit an den Motor sowie Veränderungen der Magnetventile während der Laufzeit können zu geringen Unterschieden der Magnetventilschaltzeiten und damit zu unterschiedlichen Spritzbeginnen führen. Die Dichte und die Temperatur des Kraftstoffs haben ebenfalls Einfluss auf den Spritzbeginn. Diese Einflüsse müssen durch eine Regelstrategie kompensiert werden, um die Abgasgrenzwerte einzuhalten. Folgende Regelungen werden eingesetzt (Tabelle 2):

2 Spritzbeginnregelungen

Regelung	Regelung mit Nadelbewegungssensor	Förderbeginnregelung	BIP-Regelung
Einspritzsystem			
Reiheneinspritzpumpen	●	–	–
kantengesteuerte Verteilereinspritzpumpen	●	–	–
magnetventilgesteuerte Verteilereinspritzpumpen	●	●	–
Common Rail	–	–	–
Unit Injector/Unit Pump	–	–	●

BIP-Regelung

Die BIP-Regelung wird bei den magnetventilgesteuerten Systemen Unit Injector (UIS) und Unit Pump (UPS) eingesetzt. Der Förderbeginn – oder kurz BIP (**B**egin of **I**njection **P**eriod) – ist als der Zeitpunkt definiert, ab dem das Magnetventil geschlossen ist. Ab diesem Zeitpunkt beginnt der Druckaufbau im Pumpenhochdruckraum. Nach Überschreiten des Düsennadelöffnungsdrucks öffnet die Düse und der Einspritzvorgang beginnt (Spritzbeginn). Die Kraftstoffzumessung findet zwischen Förderbeginn und Ansteuerende des Magnetventils statt und wird Förderdauer genannt.

Durch den direkten Zusammenhang zwischen Förder- und Spritzbeginn genügt es für eine exakte Regelung des Spritzbeginns, Kenntnis über den Zeitpunkt des Förderbeginns zu haben.

Um eine zusätzliche Sensorik (z. B. einen Nadelbewegungssensor) zu vermeiden, wird der Förderbeginn durch eine elektronische Auswertung des Magnetventilstroms detektiert (erkannt). Im Bereich des erwarteten Schließzeitpunkts des Magnetventils wird die Ansteuerung mit konstanter Spannung durchgeführt (BIP-Fenster, Bild 7). Induktive Effekte beim Schließen des Magnetventils führen zu einer charakteristischen Ausprägung des Magnetventilstroms. Diese wird vom Steuergerät erfasst und ausgewertet. Die Abweichung vom erwarteten Sollwert des Schließzeitpunkts wird für jede einzelne Einspritzung abgespeichert und für die darauf folgende Einspritzsequenz als Kompensationswert verwendet.

Bei Ausfall eines BIP-Signals schaltet das Steuergerät auf gesteuerten Betrieb um.

Abstellen

Das Arbeitsprinzip *Selbstzündung* hat zur Folge, dass der Dieselmotor nur durch Unterbrechen der Kraftstoffzufuhr zum Stillstand gebracht werden kann.

Bei der elektronischen Dieselregelung wird der Motor über die Vorgabe des Steuergeräts „Einspritzmenge Null" abgestellt (z. B. keine Ansteuerung der Magnetventile oder Regelstangenposition „Nullförderung").

Daneben gibt es eine Reihe redundanter (zusätzlicher) Abstellpfade (z. B. Elektrisches Abstellventil, ELAB, der kantengesteuerten Verteilereinspritzpumpen).

Die Systeme Unit Injector und Unit Pump sind eigensicher, d. h. es kann höchstens ein Mal ungewollt eingespritzt werden. Deshalb sind hier keine zusätzlichen Abstellpfade nötig.

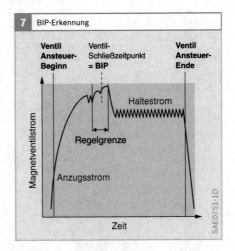

7 BIP-Erkennung

Ventil Ansteuer-Beginn

Ventil-Schließzeitpunkt = BIP

Ventil Ansteuer-Ende

Magnetventilstrom

Haltestrom

Regelgrenze

Anzugsstrom

Zeit

SAE0751-1D

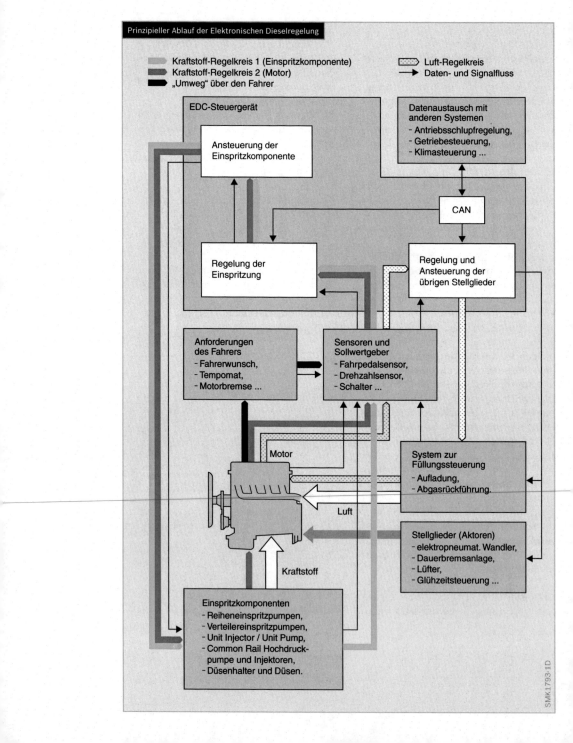

Prinzipieller Ablauf der Elektronischen Dieselregelung

Kraftstoff-Regelkreis 1 (Einspritzkomponente)
Kraftstoff-Regelkreis 2 (Motor)
„Umweg" über den Fahrer

Luft-Regelkreis
Daten- und Signalfluss

EDC-Steuergerät

Ansteuerung der
Einspritzkomponente

Datenaustausch mit
anderen Systemen
- Antriebsschlupfregelung,
- Getriebesteuerung,
- Klimasteuerung ...

CAN

Regelung der
Einspritzung

Regelung und
Ansteuerung der
übrigen Stellglieder

Anforderungen
des Fahrers
- Fahrerwunsch,
- Tempomat,
- Motorbremse ...

Sensoren und
Sollwertgeber
- Fahrpedalsensor,
- Drehzahlsensor,
- Schalter ...

Motor

System zur
Füllungssteuerung
- Aufladung,
- Abgasrückführung.

Luft

Stellglieder (Aktoren)
- elektropneumat. Wandler,
- Dauerbremsanlage,
- Lüfter,
- Glühzeitsteuerung ...

Kraftstoff

Einspritzkomponenten
- Reiheneinspritzpumpen,
- Verteilereinspritzpumpen,
- Unit Injector / Unit Pump,
- Common Rail Hochdruck-
  pumpe und Injektoren,
- Düsenhalter und Düsen.

SMK1793-1D

Momentengeführte EDC-Systeme

Die Motorsteuerung wird immer enger in die Fahrzeuggesamtsysteme eingebunden. Fahrdynamiksysteme (z. B. ASR), Komfortsysteme (z. B. Tempomat) und die Getriebesteuerung beeinflussen über den CAN-Bus die Elektronische Dieselregelung EDC. Andererseits werden viele der in der Motorsteuerung erfassten oder berechneten Informationen über den CAN-Bus an andere Steuergeräte weitergegeben.

Um die Elektronische Dieselregelung künftig noch wirkungsvoller in einen funktionalen Verbund mit anderen Steuergeräten einzugliedern und weitere Verbesserungen schnell und effektiv zu realisieren, wurden die Steuerungen der neuesten Generation einschneidend überarbeitet. Diese momentengeführte Dieselmotorsteuerung wird erstmals ab EDC16 eingesetzt. Hauptmerkmal ist die Umstellung der Modulschnittstellen auf Größen, wie sie im Fahrzeug auch entsprechend auftreten.

Kenngrößen eines Motors

Die Außenwirkung eines Motors kann im Wesentlichen durch drei Kenngrößen beschrieben werden: Leistung P, Drehzahl n und Drehmoment M.

Bild 8 zeigt den typischen Verlauf von Drehmoment und Leistung über der Motordrehzahl zweier Dieselmotoren im Vergleich. Grundsätzlich gilt der physikalische Zusammenhang:

$$P = 2 \cdot \pi \cdot n \cdot M$$

Es genügt also, z. B. das Drehmoment als Führungsgröße unter Beachtung der Drehzahl vorzugeben. Die Motorleistung ergibt sich dann aus der obigen Formel. Da die Leistung nicht unmittelbar gemessen werden kann, hat sich für die Motorsteuerung das Drehmoment als geeignete Führungsgröße herausgestellt.

Momentensteuerung

Der Fahrer fordert beim Beschleunigen über das Fahrpedal (Sensor) direkt ein einzustellendes Drehmoment. Unabhängig davon fordern andere externe Fahrzeugsysteme über die Schnittstellen ein Drehmoment an, das sich aus dem Leistungsbedarf der Komponenten ergibt (z. B. Klimaanlage, Generator). Die Motorsteuerung errechnet daraus das resultierende Motormoment und steuert die Stellglieder des Einspritz- und Luftsystems entsprechend an. Daraus ergeben sich folgende Vorteile:

▶ Kein System hat direkten Einfluss auf die Motorsteuerung (Ladedruck, Einspritzung, Vorglühen). Die Motorsteuerung kann so zu den äußeren Anforderungen auch noch übergeordnete Optimierungskriterien berücksichtigen (z. B. Abgasemissionen, Kraftstoffverbrauch) und den Motor dann bestmöglich ansteuern.
▶ Viele Funktionen, die nicht unmittelbar die Steuerung des Motors betreffen, können für Diesel- und Ottomotorsteuerungen einheitlich ablaufen.
▶ Erweiterungen des Systems können schnell umgesetzt werden.

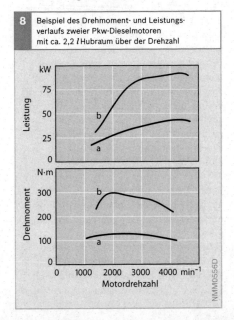

8 Beispiel des Drehmoment- und Leistungsverlaufs zweier Pkw-Dieselmotoren mit ca. 2,2 *l* Hubraum über der Drehzahl

Bild 8
a Baujahr 1968
b Baujahr 1998

Ablauf der Motorsteuerung

Die Weiterverarbeitung der Sollwertvorgaben im Motorsteuergerät sind in Bild 9 schematisch dargestellt. Zum Erfüllen ihrer Aufgaben benötigen alle Steuerungsfunktionen der Motorsteuerung eine Fülle von Sensorsignalen und Informationen von anderen Steuergeräten im Fahrzeug.

Vortriebsmoment
Die Fahrervorgabe (d. h. das Signal des Fahrpedalsensors) wird von der Motorsteuerung als Anforderung für ein Vortriebsmoment interpretiert. Genauso werden die Anforderungen der Fahrgeschwindigkeitsregelung und -begrenzung berücksichtigt.

Nach dieser Auswahl des Soll-Vortriebsmoments erfolgt gegebenenfalls bei Blockiergefahr eine Erhöhung bzw. bei durchdrehenden Rädern eine Reduzierung des Sollwerts durch das Fahrdynamiksystem (ASR, ESP).

Weitere externe Momentanforderungen
Die Drehmomentanpassung des Antriebsstrangs muss berücksichtigt werden (Triebstrangübersetzung). Sie wird im Wesentlichen durch die Übersetzungsverhältnisse im jeweiligen Gang sowie durch den Wirkungsgrad des Wandlers bei Automatikgetrieben bestimmt. Bei Automatikfahrzeugen gibt die Getriebesteuerung die Drehmomentanforderung während des Schaltvorgangs vor, um mit reduziertem Moment ein möglichst ruckfreies, komfortables und zugleich das Getriebe schonendes Schalten zu ermöglichen. Außerdem wird ermittelt, welchen Drehmomentbedarf weitere vom Motor angetriebene Nebenaggregate (z. B. Klimakompressor, Generator, Servopumpe) haben. Dieser Drehmomentbedarf wird aus der benötigten Leistung und Drehzahl entweder von diesen Aggregaten selbst oder von der Motorsteuerung ermittelt.

Die Motorsteuerung addiert die Momentanforderungen. Damit ändert sich das Fahrverhalten des Fahrzeugs trotz wechselnder Anforderungen der Aggregate und Betriebszustände des Motors nicht.

Innere Momentanforderungen
In diesem Schritt greifen der Leerlaufregler und der aktive Ruckeldämpfer ein.

Um z. B. eine unzulässige Rauchbildung durch zu hohe Einspritzmengen oder eine mechanische Beschädigung des Motors zu verhindern, setzt das Begrenzungsmoment, wenn nötig, den internen Drehmomentbedarf herab. Im Vergleich zu den bisherigen Motorsteuerungssystemen erfolgen die Begrenzungen nicht mehr ausschließlich im Kraftstoff-Mengenbereich, sondern je nach gewünschtem Effekt direkt in der jeweils betroffenen physikalischen Größe.

Die Verluste des Motors werden ebenfalls berücksichtigt (z. B. Reibung, Antrieb der Injektoren). Das Drehmoment stellt die messbare Außenwirkung des Motors dar. Die Steuerung kann diese Außenwirkung aber nur durch eine geeignete Einspritzung von Kraftstoff in Verbindung mit dem richtigen Einspritzzeitpunkt sowie den notwendigen Randbedingungen des Luftsystems erzeugen (z. B. Ladedruck, Abgasrückführrate). Die notwendige Einspritzmenge wird über den aktuellen Verbrennungswirkungsgrad bestimmt. Die errechnete Kraftstoffmenge wird durch eine Schutzfunktion (z. B. gegen Überhitzung) begrenzt und gegebenenfalls durch die Laufruheregelung verändert. Während des Startvorgangs wird die Einspritzmenge nicht durch externe Vorgaben (wie z. B. den Fahrer) bestimmt, sondern in der separaten Steuerungsfunktion „Startmenge" berechnet.

Ansteuerung der Aktoren
Aus dem resultierenden Sollwert für die Einspritzmenge werden die Ansteuerdaten für die Einspritzpumpen bzw. die Einspritzventile ermittelt sowie der bestmögliche Betriebspunkt des Luftsystems bestimmt.

9 Ablauf der Motorsteuerung bei der momentengeführten Dieselregelung

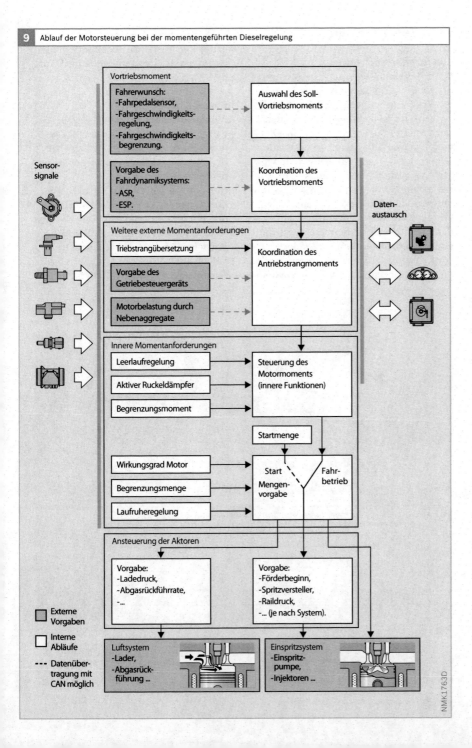

Sensor-
signale

Vortriebsmoment

Fahrerwunsch:
-Fahrpedalsensor,
-Fahrgeschwindigkeits-
 regelung,
-Fahrgeschwindigkeits-
 begrenzung.

Auswahl des Soll-
Vortriebsmoments

Vorgabe des
Fahrdynamiksystems:
-ASR,
-ESP.

Koordination des
Vortriebsmoments

Weitere externe Momentanforderungen

Triebstrangübersetzung

Vorgabe des
Getriebesteuergeräts

Motorbelastung durch
Nebenaggregate

Koordination des
Antriebstrangmoments

Daten-
austausch

Innere Momentanforderungen

Leerlaufregelung

Aktiver Ruckeldämpfer

Begrenzungsmoment

Steuerung des
Motormoments
(innere Funktionen)

Startmenge

Wirkungsgrad Motor

Begrenzungsmenge

Laufruheregelung

Start
Mengen-
vorgabe

Fahr-
betrieb

Ansteuerung der Aktoren

Vorgabe:
-Ladedruck,
-Abgasrückführrate,
-...

Vorgabe:
-Förderbeginn,
-Spritzversteller,
-Raildruck,
-... (je nach System).

☐ Externe
    Vorgaben

☐ Interne
    Abläufe

--- Datenüber-
    tragung mit
    CAN möglich

Luftsystem
-Lader,
-Abgasrück-
 führung ...

Einspritzsystem
-Einspritz-
 pumpe,
-Injektoren ...

NMK1763D

Zylindererkennung

Stellung der Nockenwelle

Damit das Motorsteuergerät bei Motorstart den richtigen Injektor ansteuern kann, muss es erkennen, welcher Zylinder sich zunächst im Verdichtungstakt befindet. Dazu wird die Stellung der Nockenwelle mittels eines Hall-Phasensensors (Hall-Geber) ermittelt. Für einen Vierzylinder-Motor trägt das Geberrad der Nockenwelle (Bild 10) im Abstand von jeweils 90° unterschiedliche Markierungen, die den einzelnen Zylindern zugeordnet sind. Aus dem Signal des Hallgebers, das durch die einzelnen vorbeidrehenden Zähne erzeugt wird, erkennt das Steuergerät den jeweils im Verdichtungstakt befindlichen Zylinder.

Die Form des Nockenwellen-Geberrads hängt von der Anzahl der Motorzylinder und von Anforderungen wie Schnellstart- und Notlauffähigkeit ab.

Stellung der Kurbelwelle

Die genaue Stellung der Kurbelwelle wird mittels eines Drehzahlsensors (Bezugsmarkensensor) ermittelt. Sie dient zur Berechnung des Einspritzzeitpunkts und der Einspritzmenge. Das Geberrad für den Drehzahlsensor (Bild 11) hat zwei gegenüberliegende Zahnlücken als Bezugsmarken zur Ermittlung der Kurbelwellenstellung, sodass die Information über die Kurbelwellenposition bereits nach einer halben Kurbelwellenumdrehung vorliegt. Für einen Vierzylinder-Motor ist mit die-

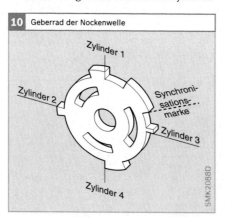

10 Geberrad der Nockenwelle

Zylinder 1
Zylinder 2
Synchronisationsmarke
Zylinder 3
Zylinder 4

SMK2088D

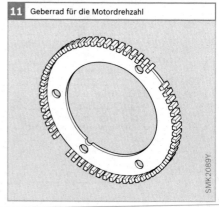

11 Geberrad für die Motordrehzahl

SMK2089Y

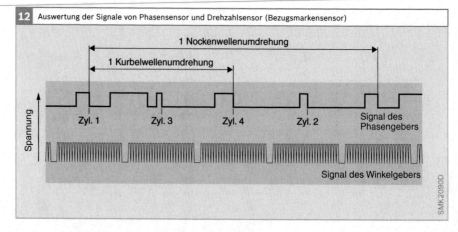

12 Auswertung der Signale von Phasensensor und Drehzahlsensor (Bezugsmarkensensor)

1 Nockenwellenumdrehung

1 Kurbelwellenumdrehung

Spannung

Zyl. 1   Zyl. 3   Zyl. 4   Zyl. 2   Signal des Phasengebers

Signal des Winkelgebers

SMK2090D

Bild 10

Beispiel für einen Vierzylinder-Motor für UIS-Pkw. Die Synchronisationsmarke ist für die Notlauf-funktion des Motors erforderlich.

sem Kurbelwellensensor ein Schnellstart möglich. Abhängig von der Zylinderzahl werden auch Kurbelwellengeberräder mit einer oder drei Zahnlücken eingesetzt.

Zylindererkennung bei Motorstart (Schnellstart)

Durch die Signale von Phasensensor und Drehzahlsensor (Bild 12) erhält das Motorsteuergerät bereits innerhalb der ersten halben Kurbelwellenumdrehung die Information, welcher Zylinder sich im Verdichtungstakt befindet, sowie ein Bezugssignal, das die Stellung der Kurbelwelle zu den Zylindern angibt. Aus diesen Informationen errechnet es, zu welchem Zeitpunkt die Magnetventile der einzelnen Zylinder angesteuert werden müssen.

Redundanter Start

Liefert der Nockenwellensensor ein unplausibles oder gar kein Signal, so wird die Phasenlage des Motors über Testeinspritzungen bestimmt: Wird derjenige Unit Injector angesteuert, der sich gerade im Verdichtungstakt befindet, so führt dies zum Druckaufbau im Injektor und zur Kraftstoffeinspritzung in den zugehörigen Zylinder. Die einsetzende Verbrennung wird durch einen Anstieg im Drehzahlsignal detektiert. Wird hingegen ein Injektor angesteuert, der sich in einer anderen Phase als dem Verdichtungstakt befindet, kommt es nicht zur Verbrennung. Über die Zylindernummer für die erfolgreiche Testeinspritzung wird die Phasenlage des Motors bestimmt.

Notlauf

Ist das Hauptgebersystem (Drehzahlsensor) ausgefallen, so kann der Motor weiter über das redundante Gebersystem (Phasensensor) betrieben werden. Dazu muss das Nockenwellen-Geberrad ein für den Notlauf geeignetes Muster aufweisen. Es werden Nockenwellen-Geberräder mit äquidistanten[1] Winkelmarken (Segmentmarken) nach Anzahl der Zylinder und einer zusätzlichen Marke für die Synchronisation eingesetzt (Bild 10). Bewährt hat sich eine Synchronisationsmarke, die den Bereich zweier angrenzender Segmentmarken im Verhältnis 1:4 teilt.

Gegenüber dem Normalbetrieb kommt es im Notbetrieb zu leicht erhöhten Toleranzen des Förderbeginns und der Einspritzmenge, da aufgrund der reduzierten Anzahl von Winkelmarken die Ansteuerereignisse ungenauer gesetzt werden.

[1] Äquidistante Winkelmarken haben untereinander jeweils den gleichen Abstand. Für einen Vierzylinder-Motor sind die Marken jeweils um 90° versetzt.

Lambda-Regelung für Pkw-Dieselmotoren

Anwendung

Die gesetzlich vorgeschriebenen Abgasgrenzwerte für Fahrzeuge mit Dieselmotoren werden zunehmend verschärft. Neben der Optimierung der innermotorischen Verbrennung gewinnen die Steuerung und die Regelung abgasrelevanter Funktionen zunehmend an Bedeutung. Ein großes Potenzial zu Verringerung der Emissionsstreuungen von Dieselmotoren bietet hier die Einführung der Lambda-Regelung.

Die Breitband-Lambda-Sonde im Abgasrohr (Bild 13, Pos. 7) misst den Restsauerstoffgehalt im Abgas. Daraus kann auf das Luft-Kraftstoff-Verhältnis (Luftzahl λ) geschlossen werden. Das Signal der Lambda-Sonde wird während des Motorbetriebs adaptiert. Dadurch wird eine hohe Signalgenauigkeit über deren Lebensdauer erreicht. Auf diesem Signal bauen verschiedene Lambda-Funktionen auf, die in den folgenden Abschnitten erklärt werden.

Für die Regeneration von NO_X-Speicherkatalysatoren werden Lambda-Regelkreise eingesetzt.

Die Lambda-Regelung eignet sich für alle Pkw-Einspritzsysteme mit Motorsteuergeräten ab der Generation EDC16.

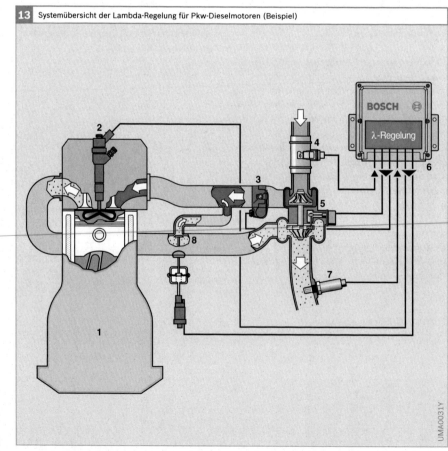

13 Systemübersicht der Lambda-Regelung für Pkw-Dieselmotoren (Beispiel)

BOSCH
λ-Regelung

Bild 13
1 Dieselmotor
2 Einspritz-
  komponente
3 Regelklappe
4 Heißfilm-
  Luftmassenmesser
5 Turbolader
  (hier VTG-Lader)
6 EDC-Motor-
  steuergerät
7 Breitband-Lambda-
  Sonde
8 Abgasrückführventil

UMA0031Y

Grundfunktionen

Druckkompensation

Das Rohsignal der Lambda-Sonde hängt von der Sauerstoffkonzentration im Abgas sowie vom Abgasdruck am Einbauort der Sonde ab. Deshalb muss der Einfluss des Drucks auf das Sondensignal ausgeglichen (kompensiert) werden.

Die Funktion *Druckkompensation* enthält je ein Kennfeld für den Abgasdruck und für die Druckabhängigkeit des Messsignals der Lambda-Sonde. Mithilfe dieser Modelle erfolgt die Korrektur des Messsignals bezogen auf den jeweiligen Betriebspunkt.

Adaption

Die Adaption der Lambda-Sonde berücksichtigt im Schub die Abweichung der gemessenen Sauerstoffkonzentration von der Frischluft-Sauerstoffkonzentration (ca. 21 %). So wird ein Korrekturwert „erlernt". Mit dieser erlernten Abweichung kann in jedem Betriebspunkt des Motors die gemessene Sauerstoffkonzentration korrigiert werden. Damit liegt über die gesamte Lebensdauer der Lambda-Sonde ein genaues, driftkompensiertes Signal vor.

Lambda-basierte Regelung der Abgasrückführung

Die Erfassung des Sauerstoffgehalts im Abgas ermöglicht – verglichen mit einer luftmassenbasierten Abgasrückführung – ein engeres Toleranzband der Emissionen über die Fahrzeugflotte. Damit können im Abgastest für zukünftige Grenzwerte ca. 10…20 % Emissionsvorteil gewonnen werden.

Mengenmittelwertadaption

Die Mengenmittelwertadaption liefert ein genaues Einspritzmengensignal für die Sollwertbildung abgasrelevanter Regelkreise. Den größten Einfluss auf die Emissionen hat dabei die Korrektur der

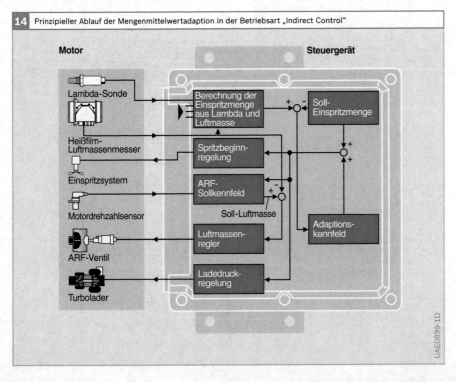

14 Prinzipieller Ablauf der Mengenmittelwertadaption in der Betriebsart „Indirect Control"

UAE0899-1D

Abgasrückführung. Die Mengenmittelwertadaption arbeitet im unteren Teillastbereich. Sie ermittelt eine über alle Zylinder
gemittelte Mengenabweichung.

Bild 14 zeigt die grundsätzliche Struktur
der Mengenmittelwertadaption und deren
Eingriff auf die abgasrelevanten Regelkreise.

Aus dem Signal der Lambda-Sonde und
dem Luftmassensignal wird die tatsächlich
eingespritzte Kraftstoffmasse berechnet.
Die berechnete Kraftstoffmasse wird mit
dem Einspritzmassensollwert verglichen.
Die Differenz wird in einem Adaptions-
kennfeld in definierten „Lernpunkten"
gespeichert. Damit ist sichergestellt, dass
eine betriebspunktspezifische Einspritz-
mengenkorrektur auch bei dynamischen
Zustandsänderungen ohne Verzögerung
bestimmt werden kann. Die Korrektur-
mengen werden im EEPROM des Steuergeräts gespeichert und stehen bei Motorstart sofort zur Verfügung.

Grundsätzlich gibt es zwei Betriebsarten
der Mengenmittelwertadaption, die sich in
der Verwendung der ermittelten Mengenabweichung unterscheiden:

Betriebsart „Indirect Control"
In der Betriebsart *Indirect Control* wird
ein genauer Einspritzmengensollwert als
Eingangsgröße in verschiedenen abgasrelevanten Soll-Kennfeldern verwendet.
Die Einspritzmenge selbst wird in der Zumessung nicht korrigiert.

Betriebsart „Direct Control"
In der Betriebsart *Direct Control* wird die
Mengenabweichung zur Korrektur der Einspritzmenge in der Zumessung verwendet,
sodass die wirklich eingespritzte Kraftstoffmenge genauer mit der Soll-Einspritz-
menge übereinstimmt.

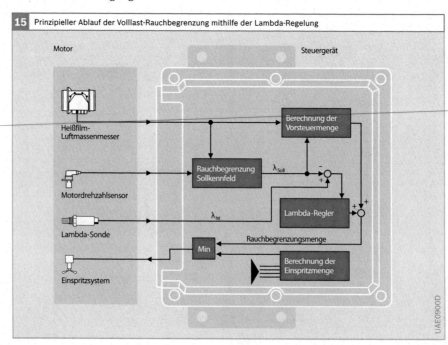

15 Prinzipieller Ablauf der Volllast-Rauchbegrenzung mithilfe der Lambda-Regelung

UAE0900D

Volllast-Rauchbegrenzung

Bild 15 zeigt das Prinzipbild der Regelstruktur für die Volllast-Rauchbegrenzung mit einer Lambda-Sonde. Ziel ist die Ermittlung der maximalen Kraftstoffmenge, die eingespritzt werden darf, ohne einen bestimmten Rauchwert zu überschreiten.

Mit den Signalen des Luftmassenmessers und des Motordrehzahlsensors wird der Lambda-Sollwert λ_{SOLL} über ein Rauchbegrenzungskennfeld ermittelt. Aus diesem Wert wird zusammen mit der Luftmasse der Vorsteuerwert für die maximal zulässige Einspritzmenge errechnet.
 Dieser Steuerung wird eine Lambda-Regelung überlagert. Der Lambda-Regler berechnet aus der Differenz zwischen dem Lambda-Sollwert λ_{SOLL} und dem Lambda-Istwert λ_{IST} eine Korrekturkraftstoffmenge. Die Summe aus Vorsteuer- und Korrekturmenge ist ein exakter Wert für die maximale Volllast-Kraftstoffmenge.

Mit dieser Struktur ist eine gute Dynamik durch die Vorsteuerung und eine verbesserte Genauigkeit durch den überlagerten Lambda-Regelkreis erreichbar.

Erkennung unerwünschter Verbrennung

Mithilfe des Signals der Lambda-Sonde kann eine unerwünschte Verbrennung im Schubbetrieb erkannt werden. Diese wird dann erkannt, wenn das Signal der Lambda-Sonde unterhalb eines berechneten Schwellwertes liegt. Bei unerwünschter Verbrennung kann der Motor durch Schließen einer Regelklappe und des Abgasrückführventils abgestellt werden. Das Erkennen unerwünschter Verbrennung stellt eine zusätzliche Sicherheitsfunktion für den Motor dar.

Zusammenfassung

Mit einer lambdabasierten Abgasrückführung kann die Emissionsstreuung einer Fahrzeugflotte aufgrund von Fertigungstoleranzen oder Alterungsdrift wesentlich reduziert werden. Hierfür wird die Mengenmittelwertadaption eingesetzt.

Die Mengenmittelwertadaption liefert ein genaues Einspritzmengensignal für die Sollwertbildung abgasrelevanter Regelkreise. Dadurch wird die Genauigkeit dieser Regelkreise erhöht. Den größten Einfluss auf die Emissionen hat dabei die Korrektur der Abgasrückführung.

Zusätzlich kann durch den Einsatz einer Lambda-Regelung die Volllast-Rauchmenge exakt bestimmt und eine unerwünschte Verbrennung detektiert werden.

Die hohe Genauigkeit des Signals der Lambda-Sonde ermöglicht darüber hinaus die Darstellung eines Lambda-Regelkreises für die Regeneration von NO_X-Speicher-Katalysatoren.

Abgasemissionen

Bei der Verbrennung des Luft-Kraftstoffgemisches entstehen durch vollständige Reaktion Wasserdampf und Kohlendioxid, die zusammen ca. 10 % bis maximal 20 % des Abgases ausmachen. Ferner besteht der Abgasvolumenstrom zu mindestens 80 % bis über 90 % aus Luftstickstoff und überschüssigem Sauerstoff, die an der Reaktion nicht beteiligt sind.

Entstehung von Schadstoffen

Zu einem kleinen Anteil entstehen bei der dieselmotorischen Verbrennung als Nebenbestandteile die Schadstoffe
- Kohlenwasserstoffe (HC),
- Kohlenmonoxid (CO),
- Stickoxide (NO_X),
- Schwefeldioxid (SO_2),
- Partikel (Ruß, HC, Abrieb, Wassertröpfchen).

Der Anteil der Schadstoffe variiert in Abhängigkeit vom Lastzustand und beträgt bei Teillast ca. 0,1 % des Abgasvolumenstromes.

Kohlenwasserstoffe (HC)
Kohlenwasserstoff-Emissionen entstehen aus unvollständig verbranntem oder unverbranntem Kraftstoff sowie aus dem Schmieröl. Dabei gibt es verschiedene Entstehungsmechanismen:
- Flammenauslöschung an den Brennraumwänden aufgrund niedriger Wandtemperaturen,
- vermehrter Kraftstoffwandauftrag, mit einer für die Verbrennung zu geringen Verdampfungsrate,
- das Nichtzünden des Kraftstoff-Luftgemisches oder das Flammenlöschen aufgrund zu geringer lokaler Sauerstoffkonzentration, hervorgerufen durch Zonen mit sehr großem Abgasrückführanteil,
- eine schlechte Gemischaufbereitung, hervorgerufen durch zu große Kraftstoffmengen bei schlechter Zerstäubung, durch Nachspritzen des Injektors oder

durch Kraftstoff aus dem Sacklochvolumen der Einspritzdüse,
- Desorption aus dem Schmieröl insbesondere im Schiebebetrieb.

Kohlenmonoxid (CO)
Kohlenmonoxid tritt als Zwischenprodukt bei der Oxidation von Kohlenwasserstoffen zu CO_2 auf. Es entsteht zum einen als Dissoziationsprodukt bei Temperaturen von über 1000 °C, wie sie zum Zeitpunkt der Hauptumsetzung kurz nach dem oberen Totpunkt des Kolbens im Brennraum auftreten. In Wandnähe und während der weiteren Expansion kann die Reaktionskette zur CO_2-Bildung unterbrochen werden, sodass CO-Emissionen im Abgas verbleiben.

Zum anderen entsteht Kohlenmonoxid bei Oxidation unter Sauerstoffmangel. Aufgrund des Betriebs mit Luftüberschuss sind die CO-Emissionen bei Dieselbrennverfahren sehr gering.

Stickoxide (NO_X)
Beim Verbrennungsprozess im Motor entsteht hauptsächlich Stickstoffoxid (NO), das sich in Luft langsam in Stickstoffdioxid (NO_2) umwandelt. Bei der Bildung von Stickstoffoxid (NO) unterscheidet man drei Mechanismen:
- Brennstoff-NO,
- promptes NO,
- thermisches NO.

Brennstoff-NO entsteht durch Oxidation des im Brennstoff enthaltenen Stickstoffs. Aufgrund des geringen Stickstoffanteils im Brennstoff sind die daraus resultierenden Stickoxid-Emissionen vernachlässigbar gering.

Promptes NO bildet sich in der Flammenfront in brennstoffreichen Bereichen. Bei der Verbrennung entstehen als Zwischenprodukte CH-Radikale[1], die mit dem Luftstickstoff zu Zyaniden (z. B. Blausäure HCN) reagieren. Diese oxidieren in weiteren Reaktionsschritten zu NO. Der Anteil von promptem NO beträgt 5 % bis 10 % der NO_X-Emissionen.

[1] Kohlenwasserstoffe mit aufgebrochener Einfachbindung, die daher sehr reaktionsfreudig sind

Thermisches NO entsteht bei einer stark endothermen Reaktion. Erst bei Temperaturen von über 1750 °C wird eine nennenswerte NO-Bildung in Gang gesetzt. Dabei wird die Aktivierungsenergie für die geschwindigkeitsbestimmende Teilreaktion, das Aufbrechen der Dreifachbindung des Stickstoffmoleküls, bereitgestellt. Die NO-Bildung hängt wesentlich von der Temperatur und der Verweildauer bei hoher Temperatur ab sowie von der Sauerstoffkonzentration am Ort der Verbrennung.

Bei einem Luftverhältnis von $\lambda = 0{,}95$ wird die maximale Flammentemperatur erreicht. Bei Erhöhung der Sauerstoffkonzentration und konstanter Temperatur erhöht sich die thermische NO-Bildung, sodass unter Berücksichtigung der gegenläufigen Effekte bei $\lambda = 1{,}1$ die maximale NO-Konzentration vorliegt.

Im Umkehrschluss kann eine effektive NO-Reduzierung bei einer durch die Drehzahl vorgegebenen Verweildauer nur durch Absenkung der Verbrennungstemperatur und Beschränkung der Sauerstoffkonzentration erzielt werden.

Schwefeldioxid (SO_2)

Schwefeldioxid entsteht durch Oxidation des im Kraftstoff enthaltenen Schwefels. Seit 2005 schreibt die EU-Gesetzgebung die Verwendung von schwefelarmen Kraftstoffen mit maximal 50 ppm Schwefelgehalt vor.

Partikel, insbesondere Ruß

Als Partikel entstehen neben Abrieb und Wassertröpfchen bei unvollständiger Verbrennung Kohlenstoffteilchen, die durch Aneinanderkettung zu Rußpartikeln wachsen. An die Rußpartikel lagern sich unverbrannte Kohlenwasserstoffe sowie Schmieröl-Aerosole an.

Die Partikelemissionen sind vorwiegend ein Problem des Dieselmotors. Auch bei globalem Luftüberschuss im Brennraum findet aufgrund inhomogener Zonen lokal eine Verbrennung unter Sauerstoffmangel statt. Dies führt in einer ersten Phase zu starker Rußbildung. Gleichzeitig erfolgt eine Rußoxidation, die durch hohe Brennraumtemperaturen und Ladungsbewegung unterstützt wird. Daher betragen die Rußemissionen im Abgas nur einen Bruchteil der im Brennraum entstandenen Rußmasse.

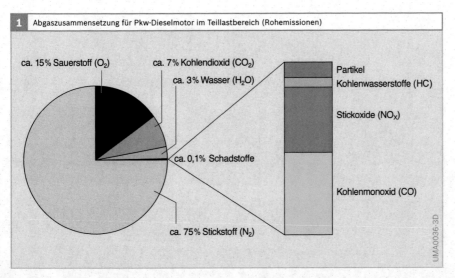

1   Abgaszusammensetzung für Pkw-Dieselmotor im Teillastbereich (Rohemissionen)

ca. 15 % Sauerstoff (O_2)

ca. 7 % Kohlendioxid (CO_2)

ca. 3 % Wasser (H_2O)

ca. 0,1 % Schadstoffe

ca. 75 % Stickstoff (N_2)

Partikel

Kohlenwasserstoffe (HC)

Stickoxide (NO_X)

Kohlenmonoxid (CO)

UMA0036-3D

Bild 1

Angaben in Gewichtsprozent.
Die Konzentrationen der Abgasbestandteile, insbesondere der Schadstoffe, können abweichen; sie hängen u. a. von den Betriebsbedingungen des Motors und den Umgebungsbedingungen (z. B. Luftfeuchtigkeit) ab.
Mit NO_X-Speicherkatalysator bzw. Partikelfilter können die NO_X- und Partikelemissionen um mehr als 90 % gesenkt werden.

Innermotorische Emissionsminderung

Ziel der innermotorischen Emissionsminderung ist die Reduzierung der Schadstoffe im Rohabgas (Abgas nach der Verbrennung, vor der Abgasnachbehandlung). Durch eine Kombination von innermotorischen und nachmotorischen Maßnahmen (Abgasnachbehandlung) werden die Emissionen soweit abgesenkt, dass die jeweils geltenden Emissionsgrenzwerte nicht überschritten werden. Durch eine weitgehende Reduzierung der Rohemissionen lässt sich der Zusatzaufwand für die Abgasnachbehandlung einschränken.

Brennverfahren

Dem Brennverfahren und dessen Abstimmung kommen beim Dieselmotor höchste Bedeutung hinsichtlich der erzielbaren Leistung, des Verbrauchs und der Emissionen zu.

Die Motorleistung wird durch die maximal zulässige Schwarzrauchzahl (Abgastrübung als Maß für den Rußpartikelausstoß) und die maximal zulässige Abgastemperatur begrenzt. Die Werkstoffeigenschaften des Turboladers definieren den Grenzwert der Abgastemperatur am Eintritt in die Turbine.

Die dieselmotorische Verbrennung wird durch drei Phasen charakterisiert:
▶ Zündverzug, d. h. die Zeit zwischen Einspritzbeginn und Zündbeginn,
▶ vorgemischte Verbrennung,
▶ Diffusionsflamme (mischungskontrollierte Verbrennung).

Ein kurzer Zündverzug und damit eine geringe eingespritzte Kraftstoffmenge innerhalb der ersten Phase sind notwendig, um das Verbrennungsgeräusch zu begrenzen. Nach Einsetzen der Verbrennung ist eine gute Gemischbildung erforderlich, um niedrige Ruß- und NO_x-Emissionen zu erzielen. Entscheidenden Einfluss auf die Phasen der Verbrennung haben
▶ Druck und Temperatur im Brennraum,
▶ die Masse, Zusammensetzung und Bewegung der Ladung,
▶ der Einspritzdruckverlauf.

Die genannten Größen werden einerseits durch motorspezifische Parameter und andererseits durch die veränderbaren Betriebsparameter eingestellt.

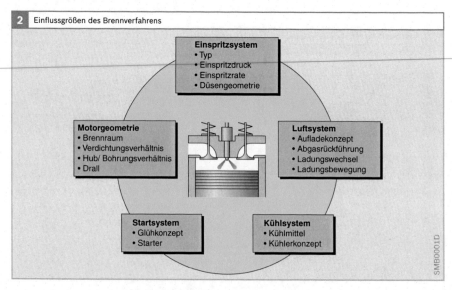

2 Einflussgrößen des Brennverfahrens

Einspritzsystem
• Typ
• Einspritzdruck
• Einspritzrate
• Düsengeometrie

Motorgeometrie
• Brennraum
• Verdichtungsverhältnis
• Hub/ Bohrungsverhältnis
• Drall

Luftsystem
• Aufladekonzept
• Abgasrückführung
• Ladungswechsel
• Ladungsbewegung

Startsystem
• Glühkonzept
• Starter

Kühlsystem
• Kühlmittel
• Kühlerkonzept

SMB0001D

Einspritzsystem

Hinsichtlich des Brennverfahrens hat das Einspritzsystem eine Schlüsselrolle, da durch den Einspritzzeitpunkt und den Einspritzverlauf die Lage des Verbrennungsschwerpunkts sowie die Gemischbildung bestimmt werden. Diese Größen bestimmen ihrerseits maßgeblich die Emissionen und den Wirkungsgrad.

Für eine gute Gemischbildung sind besonders kleine Düsenlöcher mit strömungsoptimierten Geometrien in Verbindung mit hohen Einspritzdrücken günstig, da so der Kraftstoff im Brennraum gut aufbereitet und damit der Zündverzug verkürzt wird. Während der Diffusionsverbrennung führt die gute Zerstäubung zu einer verminderten Rußbildung.

Luftsystem

Die Gemischbildung wird luftseitig durch die Ladungsbewegung beeinflusst, die ihrerseits von der Einlasskanalgeometrie und der Brennraumform abhängt. Zur Anpassung an die Einspritzsystementwicklung (höhere Einspritzdrücke, größere Düsenlochzahl) werden Niedrigdrallverfahren entwickelt, bei denen durch den Einsatz einer Drallklappe lastpunktabhängig die Ladungsbewegung in der Kolbenmulde eingestellt wird.

Die Einhaltung zukünftiger, weiter verschärfter NO_X-Emissionsgrenzwerte erfordert sehr hohe Abgasrückführraten in Verbindung mit weiter gesteigerten Brennraumladungen. Dies erfordert Systeme, die in der Lage sind, vergleichsweise hohe Ladedrücke mit hohen und präzisen, für alle Zylinder gleichen AGR-Raten sowie möglichst niedrigen Einlasstemperaturen bereitzustellen.

Abgasrückführung (AGR)

Die wirkungsvollste innermotorische Maßnahme zur Absenkung von Stickoxidemissionen bei Dieselmotoren ist die Abgasrückführung (AGR). Dabei werden die externe und die interne AGR unterschieden. Bei der internen AGR verbleibt beim Ladungs-

wechsel ein Restgasanteil im Brennraum. Dieser Anteil kann über die Steuerzeiten der Ventile verändert werden.

Bei der externen AGR wird dem Abgasstrom ein Anteil entnommen, über einen Wärmetauscher gekühlt und zusammen mit der Frischluft dem Brennraum wieder zugeführt. Bei der heute serienmäßig eingesetzten Hochdruck-AGR erfolgt die Entnahme abgasseitig vor der Turbine des Abgasturboladers und die Zumischung zuluftseitig hinter dem Verdichter.

Die NO_X-mindernde Wirkung der AGR beruht auf den folgenden Mechanismen:
▶ Die verminderte Sauerstoffkonzentration verlangsamt den Verbrennungsprozess; dadurch werden die lokalen Spitzentemperaturen gesenkt. Zusätzlich wird durch das reduzierte Sauerstoffangebot auch der Reaktionspartner für die thermische NO-Bildung verknappt.
▶ Gleichzeitig wird durch den Abgasrückführanteil die Masse der Brennraumladung erhöht. Bei der Wärmeübertragung der Verbrennungsenergie auf die größere Gasmasse entstehen vergleichsweise niedrigere Spitzentemperaturen, sodass die thermische NO-Bildung gemindert wird.
▶ Die zurückgeführten, dreiatomigen Abgaskomponenten H_2O und CO_2 besitzen eine höhere spezifische Wärmekapazität als Frischluft. Das Verbrennungsgasgemisch kann dadurch mehr Energie bei gleicher Temperaturerhöhung aufnehmen; die lokalen Spitzentemperaturen werden dadurch abgesenkt.
▶ Da die Reaktionsendprodukte H_2O und CO_2 bereits zu Beginn der Verbrennung in nennenswerten Konzentrationen vorliegen, vermindert sich die Geschwindigkeit, mit der die Teilreaktionen in Richtung chemisches Gleichgewicht ablaufen.

Bei zu großer Abgasrückführrate steigen sowohl der Kraftstoffverbrauch als auch die Schadstoffemissionen, die infolge von Luftmangel entstehen (CO, HC, Ruß), an.

Zielkonflikt bei der Emissionsminderung

Durch die Abgasrückführung (AGR) lassen sich wirkungsvoll die NO_X-Emissionen reduzieren. Gleichzeitig steigen die Rußemissionen durch die Luft- bzw. Sauerstoffreduzierung an (Bild 3). Die mit zunehmender AGR reduzierte Umsatzrate der Verbrennung führt zu einem sanfteren Druckanstieg im Zylinder (Bild 6); dadurch wird auch das Verbrennungsgeräusch günstig beeinflusst (Bild 4). Bei weiter steigendem AGR-Anteil und dadurch weiter abgesenkten NO_X-Emissionen wird die Verbrennung zunehmend verschleppt. Aufgrund eines lokalen Luftmangels und verlangsamter Reaktionsprozesse entstehen dann neben Ruß auch HC und CO (Bild 5).

Ruß-/NO_X-Kompromiss

Als Kompromiss der gegenläufigen Ruß-/ NO_X-Emissionen wurde bei Pkw-Dieselmotoren ein Ruß/NO_X-Massenverhältnis von 1:10 als Auslegungspunkt definiert (Bild 3). In mittleren und höherlastigen Betriebspunkten erfolgt die Auslegung entsprechend diesem Verhältnis, das sich so in der aktuellen Emissionsgesetzgebung (Euro 4) wiederfindet.

Bei Niedriglastpunkten mit hohem Luftüberschuss und geringen mittleren Brennraumtemperaturen werden bei hohen AGR-Raten zuerst die Grenzen für HC und CO überschritten, bevor der Ruß/NO_X-

Auslegungspunkt erreicht wird. Eine weitere Steigerung der AGR führt dann zu einer instabilen Verbrennung, die mit einem unruhigen Motorlauf einhergeht.

So zeichnet sich bei dem konventionellen Dieselbrennverfahren stets ein Emissionskompromiss in Abhängigkeit vom Lastpunkt ab.

Die Spitzentemperatur während der Verbrennung und damit die thermische NO-Bildung werden neben der AGR-Rate auch durch die Lage des Verbrennungsschwerpunkts bestimmt. Das Optimum der Ruß-/ NO_X-Emissionen wird durch eine Spätverstellung der Einspritzung im Vergleich zum wirkungsgradoptimalen Spritzbeginn erreicht. Dabei bewirken beide Parameter, die Spätverstellung der Einspritzung und die Erhöhung der AGR-Rate, einen geringfügigen Kraftstoffmehrverbrauch.

Einfluss von Einspritzdruck und Einspritzratenformung

Eine Steigerung des Einspritzdrucks verbessert die Gemischaufbereitung (räumliche Verteilung, Verdampfung und Vermischung des Kraftstoffs mit der Brennraumladung). Die Verbrennung läuft schneller unter einer verbesserten Rußoxidation ab. Dabei steigen zunächst die NO_X-Emissionen auch in Betriebspunkten mit AGR an. Durch die verbesserte Verbrennung nimmt aber

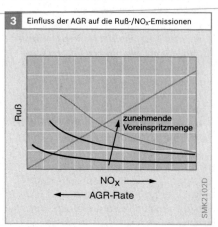

3 Einfluss der AGR auf die Ruß-/NO_X-Emissionen

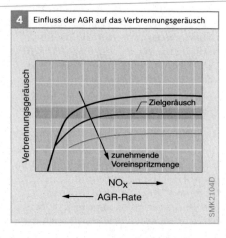

4 Einfluss der AGR auf das Verbrennungsgeräusch

auch die AGR-Verträglichkeit zu, sodass durch die Einstellung einer höheren AGR-Rate insgesamt ein günstigerer Ruß/NO_x-Kompromiss erzielt werden kann.

Durch eine Erhöhung des Einspritzdrucks steigt auch die Einspritzrate während der Zündverzugsphase. Dadurch erhöht sich der Anteil der vorgemischten Verbrennung und das Verbrennungsgeräusch steigt. Zur Kompensation der Geräuscherhöhung ist es erforderlich, entweder über die Anpassung des Düsendurchflusses oder über die Abstimmung der Voreinspritz-Charakteristik die während des Zündverzugs eingespritzte Kraftstoffmenge zu kontrollieren.

Der Unit Injector bietet zusätzlich die Möglichkeit, über die Ratenformung des Einspritzverlaufs die Einspritzrate während der Zündverzugsphase zu begrenzen und während der Diffusionsverbrennung mit vergleichsweise großer Einspritzrate und hohem Druck einzuspritzen.

Einfluss der Voreinspritzung
Die Voreinspritzung dient in erster Linie dazu, das Verbrennungsgeräusch bei direkteinspritzenden Dieselmotoren zu kontrollieren. Bei der präzise dosierten Voreinspritzung wird eine geringe Kraftstoffmenge (1...4 mm³ in Abhängigkeit vom Lastpunkt) vor der Haupteinspritz-

zung gegen Ende der Verdichtungsphase eingespritzt. Dadurch wird eine Vorkonditionierung des Brennraums und somit ein Druck- und Temperaturanstieg bewirkt, wodurch die Zündverzugszeit der Haupteinspritzung verkürzt wird. Die während der vorgemischten Verbrennung umgesetzte Kraftstoffmasse wird dadurch reduziert. Dies führt zu einem weicheren Verbrennungsdruckanstieg und somit zu einem abgesenkten Verbrennungsgeräusch (Bild 4).

In niedrigeren Teillastpunkten und während der Warmlaufphase des Motors wird mit der Voreinspritzung durch eine Verbesserung der Zünd- und Brennbedingungen zusätzlich eine Reduzierung der HC-Emissionen erreicht. Durch eine sorgfältige Abstimmung der Voreinspritzung können neben dem Verbrennungsgeräusch und den HC-Emissionen auch die Ruß- und NO_x-Emissionen gesenkt werden.

Erst die gemeinsame Optimierung der Einzelparameter des Brennverfahrens ermöglicht es, die Verbrennung derart zu kontrollieren, dass über verschiedene Drehzahl-Last-Kombinationen geringste Emissionen und komfortable Verbrennungsgeräusche bei einem günstigen Verbrauch erzielt werden.

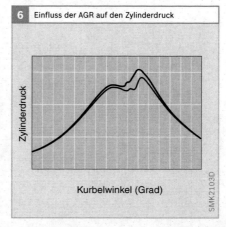

5 Einfluss der AGR auf die Bildung von HC

Kohlenwasserstoffe

zunehmende Voreinspritzmenge

NO_x ⟶
⟵ AGR-Rate

SMK2105D

6 Einfluss der AGR auf den Zylinderdruck

Zylinderdruck

Kurbelwinkel (Grad)

SMK2103D

Bild 6
— ohne Abgasrückführung
— mit Abgasrückführung

Diagnose

Die Zunahme der Elektronik im Kraftfahrzeug, die Nutzung von Software zur Steuerung der Systeme im Fahrzeug und die große Komplexität der Einspritzsysteme stellen hohe Anforderungen an das Diagnosekonzept, die Überwachung im Fahrbetrieb (On-Board-Diagnose) und die Offboard-Diagnose (Bild 1). Basis der Diagnose in der Werkstatt ist die geführte Fehlersuche, die verschiedene Möglichkeiten von Onboard- und Offboard-Prüfmethoden und Prüfgeräten verknüpft.

Der Gesetzgeber hat die On-Board-Diagnose (OBD) als Hilfsmittel zur Abgasüberwachung vorgeschrieben. Damit wird die herstellerspezifische On-Board-Diagnose hinsichtlich der Überwachung emissionsrelevanter Komponenten und Systeme standardisiert und weiter ausgebaut. In Europa (EU) gilt die *European On-Board-Diagnose* (EOBD).

Überwachung im Fahrbetrieb (On-Board-Diagnose)

Übersicht
Die im Steuergerät integrierte Diagnose gehört zum Grundumfang elektronischer Motorsteuerungssysteme. Neben der Selbstprüfung des Steuergeräts werden Ein- und Ausgangssignale sowie die Kommunikation der Steuergeräte untereinander überwacht.

Unter einer On-Board-Diagnose des elektronischen Systems ist die Fähigkeit des Steuergeräts zu verstehen, sich auch mithilfe der „Software-Intelligenz" ständig selbst zu überwachen, d. h. Fehler zu erkennen, abzuspeichern und auszuwerten. Die On-Board-Diagnose nutzt die im Fahrzeug serienmäßig vorhandenen Komponenten und läuft ohne Zusatzgeräte ab.

Überwachungsalgorithmen überprüfen während des Betriebs die Eingangs- und Ausgangssignale sowie das Gesamtsystem auf Fehlverhalten und Störungen. Die dabei erkannten Fehler werden im Fehlerspeicher des Steuergeräts gespeichert. Die gespeicherte Fehlerinformation kann über eine serielle Schnittstelle ausgelesen werden.

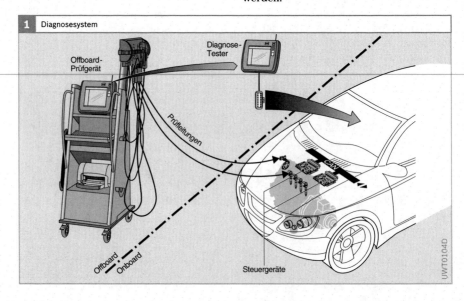

1 Diagnosesystem

Offboard-Prüfgerät

Diagnose-Tester

Prüfleitungen

Offboard

Onboard

Steuergeräte

UWT0104D

Überwachung der Eingangssignale

Die Sensoren, Steckverbinder und Verbindungsleitungen (Signalpfad) zum Steuergerät (Bild 2) werden anhand der ausgewerteten Eingangssignale überwacht. Mit diesen Überprüfungen können neben Sensorfehlern auch Kurzschlüsse zur Batteriespannung U_{Batt} und zur Masse sowie Leitungsunterbrechungen festgestellt werden. Hierzu werden folgende Verfahren angewandt:

▶ Überwachung der Versorgungsspannung des Sensors (falls vorhanden).
▶ Überprüfung des erfassten Wertes auf den zulässigen Wertebereich (z. B. 0,5…4,5 V).
▶ Bei Vorliegen von Zusatzinformationen wird eine Plausibilitätsprüfung mit dem erfassten Wert durchgeführt (z. B. Vergleich Kurbelwellen- und Nockenwellendrehzahl).
▶ Besonders wichtige Sensoren (z. B. Fahrpedalsensor) sind redundant ausgeführt. Ihre Signale können somit direkt miteinander verglichen werden.

Überwachung der Ausgangssignale

Die vom Steuergerät über Endstufen angesteuerten Aktoren (Bild 2) werden überwacht. Mit den Überwachungsfunktionen werden neben Aktorfehlern auch Leitungsunterbrechungen und Kurzschlüsse erkannt. Hierzu werden folgende Verfahren angewandt:

▶ Überwachung des Stromkreises eines Ausgangssignals durch die Endstufe. Der Stromkreis wird auf Kurzschlüsse zur Batteriespannung U_{Batt}, zur Masse und auf Unterbrechung überwacht.
▶ Die Systemauswirkungen des Aktors werden direkt oder indirekt durch eine Funktions- oder Plausibilitätsüberwachung erfasst. Die Aktoren des Systems, z. B. Abgasrückführventil, Drosselklappe oder Drallklappe, werden indirekt über die Regelkreise (z. B. permanente Regelabweichung) und teilweise zusätzlich über Lagesensoren (z. B. die Stellung der Turbinengeometrie beim Turbolader) überwacht.

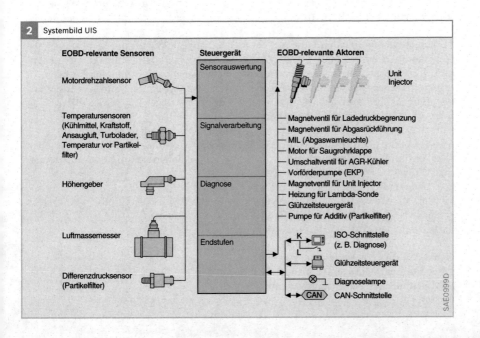

2 Systembild UIS

EOBD-relevante Sensoren — Steuergerät — EOBD-relevante Aktoren

- Motordrehzahlsensor
- Temperatursensoren (Kühlmittel, Kraftstoff, Ansaugluft, Turbolader, Temperatur vor Partikelfilter)
- Höhengeber
- Luftmassemesser
- Differenzdrucksensor (Partikelfilter)

Steuergerät: Sensorauswertung, Signalverarbeitung, Diagnose, Endstufen

Unit Injector

- Magnetventil für Ladedruckbegrenzung
- Magnetventil für Abgasrückführung
- MIL (Abgaswarnleuchte)
- Motor für Saugrohrklappe
- Umschaltventil für AGR-Kühler
- Vorförderpumpe (EKP)
- Magnetventil für Unit Injector
- Heizung für Lambda-Sonde
- Glühzeitsteuergerät
- Pumpe für Additiv (Partikelfilter)

K / L — ISO-Schnittstelle (z. B. Diagnose)
Glühzeitsteuergerät
Diagnoselampe
CAN — CAN-Schnittstelle

SAE0999D

Überwachung der internen Steuergerätefunktionen

Damit die korrekte Funktionsweise des Steuergeräts jederzeit sichergestellt ist, sind im Steuergerät Überwachungsfunktionen in Hardware (z. B. „intelligente" Endstufenbausteine) und in Software realisiert. Die Überwachungsfunktionen überprüfen die einzelnen Bauteile des Steuergeräts (z. B. Mikrocontroller, Flash-EPROM, RAM). Viele Tests werden sofort nach dem Einschalten durchgeführt. Weitere Überwachungsfunktionen werden während des normalen Betriebs durchgeführt und in regelmäßigen Abständen wiederholt, damit der Ausfall eines Bauteils auch während des Betriebs erkannt wird. Testabläufe, die sehr viel Rechnerkapazität erfordern oder aus anderen Gründen nicht im Fahrbetrieb erfolgen können, werden im Nachlauf nach „Motor aus" durchgeführt. Auf diese Weise werden die anderen Funktionen nicht beeinträchtigt. Bei Dieselmotoren werden beim Einschalten oder im Nachlauf z. B. Abschaltpfade getestet. Beim Ottomotor wird im Nachlauf z. B. das Flash-EPROM geprüft.

Überwachung der Steuergerätekommunikation

Die Kommunikation mit den anderen Steuergeräten findet in der Regel über den CAN-Bus statt. Im CAN-Protokoll sind Kontrollmechanismen zur Störungserkennung integriert, sodass Übertragungsfehler schon im CAN-Baustein erkannt werden können. Darüber hinaus werden im Steuergerät weitere Überprüfungen durchgeführt. Da die meisten CAN-Botschaften in regelmäßigen Abständen von den jeweiligen Steuergeräten versendet werden, kann z. B. der Ausfall eines CAN-Controllers in einem Steuergerät mit der Überprüfung dieser zeitlichen Abstände detektiert werden. Zusätzlich werden die empfangenen Signale bei Vorliegen von redundanten Informationen im Steuergerät anhand dieser Informationen wie alle Eingangssignale überprüft.

Fehlerbehandlung

Fehlererkennung

Ein Signalpfad wird als endgültig defekt eingestuft, wenn ein Fehler über eine definierte Zeit vorliegt. Bis zur Defekteinstufung wird der zuletzt als gültig erkannte Wert im System verwendet. Mit der Defekteinstufung wird in der Regel eine Ersatzfunktion eingeleitet (z. B. Motortemperatur-Ersatzwert $T = 90\,°C$).

Für die meisten Fehler ist eine Heilung bzw. Intakt-Erkennung während des Fahrzeugbetriebs möglich. Hierzu muss der Signalpfad für eine definierte Zeit als intakt erkannt werden.

Fehlerspeicherung

Jeder Fehler wird im nichtflüchtigen Bereich des Datenspeichers in Form eines Fehlercodes abgespeichert. Der Fehlercode beschreibt auch die Fehlerart (z. B. Kurzschluss, Leitungsunterbrechung, Plausibilität, Wertebereichsüberschreitung). Zu jedem Fehlereintrag werden zusätzliche Informationen gespeichert, z. B. die Betriebs- und Umweltbedingungen (Freeze Frame), die bei Auftreten des Fehlers herrschen (z. B. Motordrehzahl, Motortemperatur).

Notlauffunktionen (Limp home)

Bei Erkennen eines Fehlers können neben Ersatzwerten auch Notlaufmaßnahmen (z. B. Begrenzung der Motorleistung oder -drehzahl) eingeleitet werden. Diese Maßnahmen dienen

▶ der Erhaltung der Fahrsicherheit,
▶ der Vermeidung von Folgeschäden oder
▶ der Minimierung von Abgasemissionen.

Diagnosefunktionen

Beispiel BIP-Regelung

Bei UI-Systemen wird der Einspritzvorgang unter anderem über die BIP-Regelung überwacht (BIP: Begin of Injection Period; siehe auch Kapitel „Elektronische Dieselregelung").

Dafür erfasst das Steuergerät den Verlauf des Ansteuerstroms für die Magnetventile der Injektoren. In dem Moment, in dem die Magnetventilnadel schließt, zeigt der Magnetventilstrom einen charakteristischen Verlauf (BIP-Signal, Bild 3). Das BIP-Signal gibt somit eine Rückmeldung über den tatsächlichen Förderbeginn. Diese Information dient dem Steuergerät zur Regelung des Förderbeginns und zur Feststellung etwaiger Funktionsstörungen des Magnetventils.

Liegt das BIP-Signal außerhalb des erwarteten Schließzeitpunkts („Regelgrenze" oder „BIP-Fenster"), so liegt ein Fehler vor und es erfolgt ein Eintrag in den Fehlerspeicher des Steuergeräts. Mithilfe eines geeigneten Diagnosetesters besteht die Möglichkeit, die zeitliche Abweichung des tatsächlichen Förderbeginns von seinem errechneten Sollwert auszulesen.

Ein vorzeitiges Schließen des Magnetventils kann u. a. folgende Ursachen haben:
▸ Ungenügende Kraftstoffbefüllung des Unit Injectors aufgrund von unzureichendem Kraftstoffdruck im Niederdrucksystem (z. B. durch verstopften Kraftstofffilter, undichte Kraftstoffschläuche oder defekte Vorförderpumpe)
▸ Undichtigkeiten des Unit Injectors selbst

Mögliche Ursachen für ein verspätetes Schließen des Magnetventils sind u. a.:
▸ Verwendung von nicht normgerechtem Kraftstoff und Verunreinigungen des Kraftstoffs
▸ Bewegung der Magnetventilnadel ist durch Partikel oder infolge von Verschleiß behindert

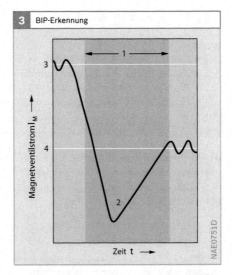

3 BIP-Erkennung

Magnetventilstrom I_M →

Zeit t →

NAE0751D

Bild 3
1 BIP-Fenster
2 BIP-Signal
3 Anzugstromniveau
4 Haltestromniveau

Diagnose in der Werkstatt

Aufgabe

Aufgabe der Diagnose in der Werkstatt ist die sichere und schnelle Identifizierung der kleinsten austauschbaren fehlerhaften Einheit. Bei komplexen Systemen wie dem UIS ist der Einsatz eines Diagnosetesters zur Steuergerätediagnose unumgänglich, da ein Zugriff auf das Einspritzsystem nur über das Motorsteuergerät möglich ist.

Die im Fehlerspeicher des Steuergeräts hinterlegten Einträge oder andere Symptome erlauben jedoch nicht unbedingt einen sicheren Rückschluss auf die Fehlerursache. Aufgrund der gegenseitigen funktionalen Abhängigkeiten der einzelnen Systeme kann z. B. die Beanstandung einer – tatsächlich intakten – Komponente seine Ursache in einem anderen defekten Teil haben. Darüber hinaus kann ein Fehlersymptom auch unterschiedliche Ursachen haben. Deshalb ist der versuchsweise Austausch vermutlich defekter Komponenten meist nicht zweckmäßig, insbesondere da die Demontage und Montage von Teilen sich bei Fahrzeugen mit komplexen Einspritzsystemen oft sehr aufwändig gestaltet.

Um eine Fehlerursache zu identifizieren, werden daher die im Fahrbetrieb gespeicherten Onboard-Informationen mit Offboard-Prüfmethoden verknüpft. Hilfestellung dabei gibt z. B. die Elektronische Service-Information ESI[tronic] von Bosch, die Anleitung für eine systematische Fehlersuche gibt.

Geführte Fehlersuche

Der Werkstattmitarbeiter wird – ausgehend von einem vorliegenden Fahrzeugsymptom oder Fehlerspeichereintrag – mithilfe eines symptomabhängigen, ergebnisgesteuerten Ablaufs geführt. Genutzt werden Onboard- (Fehlerspeichereinträge) sowie Offboard-Möglichkeiten (Stellglieddiagnose und Offboard-Prüfgeräte).

Die geführte Fehlersuche, Auslesen des Fehlerspeichers, Werkstatt-Diagnosefunktionen und die elektrische Kommunikation mit Offboard-Prüfgeräten erfolgen mithilfe von i. A. PC-basierten Diagnosetestern. Das kann ein spezifischer Werkstatt-Tester des Fahrzeugherstellers oder ein universeller Tester (z. B. KTS 650 von Bosch) sein.

Auslesen der Fehlerspeichereinträge

Die während des Fahrbetriebs abgespeicherten Fehlerinformationen (Fehlerspeichereinträge) werden bei der Fahrzeuginspektion oder -reparatur in der Kundendienstwerkstatt über eine serielle Schnittstelle ausgelesen.

Das Auslesen der Fehlereinträge kann mithilfe des Diagnosetesters durchgeführt werden. Der Werkstattmitarbeiter erhält Angaben über:

▶ Fehlfunktion (z. B. Motortemperatursensor),
▶ Fehlercode (z. B. Kurzschluss nach Masse, Signal nicht plausibel, Fehler statisch vorhanden),
▶ Umweltbedingungen (Messwerte zum Zeitpunkt der Fehlerspeicherung, z. B. Drehzahl, Motortemperatur usw.).

Nach dem Auslesen des Fehlerspeichers in der Werkstatt und der Fehlerbehebung kann der Fehlerspeicher mit dem Testgerät gelöscht werden.

Für die Kommunikation zwischen Steuergerät und Tester muss eine geeignete Schnittstelle definiert sein.

Stellglied-Diagnose

Um in den Kundendienstwerkstätten einzelne Stellglieder (Aktoren) gezielt aktivieren und deren Funktionalität prüfen zu können, ist im Steuergerät eine Stellglied-Diagnose enthalten. Dieser Testmodus wird mit dem Diagnosetester eingeleitet und funktioniert nur bei stehendem Fahrzeug unterhalb einer bestimmten Motordrehzahl oder bei Motorstillstand. Unter anderem ist es hiermit möglich, die Funktion der Stellglieder akustisch (z. B. Klicken des Ventils), optisch (z. B. Bewegung einer Klappe) oder durch andere Methoden, wie Messung von elektrischen Signalen, zu überprüfen.

Werkstatt-Diagnosefunktionen
Fehler, die die On-Board-Diagnose nicht erkennen kann, lassen sich mithilfe von unterstützenden Funktionen eingrenzen. Diese Werkstatt-Diagnosefunktionen sind entweder im Motorsteuergerät oder im Tester implementiert und werden vom Diagnosetester gesteuert.
　　Werkstatt-Diagnosefunktionen laufen entweder nach dem Start durch den Diagnosetester vollständig autark im Steuergerät ab und melden nach Beendigung das Ergebnis an den Diagnosetester zurück, oder der Diagnosetester übernimmt die Ablaufsteuerung, Messdatensammlung und Auswertung. Das Steuergerät führt dann nur die einzelnen Befehle aus.

Signalprüfung
Mit der Multimeterfunktion des Diagnosetesters können elektrische Ströme, Spannungen und Widerstände gemessen werden. Ein integriertes Oszilloskop erlaubt darüber hinaus, die Signalverläufe der Ansteuersignale für die Aktoren zu überprüfen. Dies ist insbesondere für Aktoren relevant, die in der Stellglied-Diagnose nicht überprüft werden.

Offboard-Prüfgerät
Die Diagnosemöglichkeiten werden durch Nutzung von Zusatzsensorik, Prüfgeräten und externen Auswertegeräten erweitert. Die Offboard-Prüfgeräte werden im Fehlerfall in der Werkstatt an das Fahrzeug adaptiert.

4　Beispiele für Prüffunktionen mit dem KTS 650

Bild 4
a　Auslesen des Fehlerspeichers
b　Auswahl von Diagnosetester-Funktionen
c　Auswahl von Istwerten
d　Anzeige ausgewählter Istwerte

Verständnisfragen

Die Verständnisfragen dienen dazu, den Wissensstand zu überprüfen. Die Antworten zu den Fragen finden sich in den Abschnitten, auf die sich die jeweilige Frage bezieht. Daher wird hier auf eine explizite „Musterlösung" verzichtet. Nach dem Durcharbeiten des vorliegenden Teils des Fachlehrgangs sollte man dazu in der Lage sein, alle Fragen zu beantworten. Sollte die Beantwortung der Fragen schwer fallen, so wird die Wiederholung der entsprechenden Abschnitte empfohlen.

1. Welche Diesel-Einspritzsysteme gibt es und wie funktionieren sie prinzipiell?

2. Welche Einzeleinspritzsysteme gibt es und wie funktionieren sie?

3. Wie ist ein Unit Injector System aufgebaut? Wie arbeitet es?

4. Wie ist ein Hochdruckmagnetventil aufgebaut und wie funktioniert es?

5. Wie ist ein Unit Pump System aufgebaut? Wie arbeitet es?

6. Wie ist der Niederdruckteil des Kraftstoffsystems aufgebaut und wie funktioniert er?

7. Welche Arten von Kraftstoffpumpen gibt es, wie sind sie aufgebaut und wie funktionieren sie?

8. Wie ist die elektronische Dieselregelung aufgebaut und wie funktioniert sie?

9. Wie wird die Einspritzung geregelt?

10. Wie funktioniert die λ-Regelung?

11. Was ist ein momentengeführtes EDC-System und wie funktioniert es?

12. Welche Abgasemissionen gibt es?

13. Was ist eine On-Board-Diagnose und wie funktioniert sie?

14. Wie funktioniert die Diagnose in der Werkstatt?

Abkürzungsverzeichnis

A
AGR: Abgasrückführung
ARD: Aktiver Ruckeldämpfer
ASR: Antriebsschlupfregelung
AZG: Adaptive Zylindergleichstellung
(Mengenausgleichsregelung für
Nkw)

B
BIP: Begin of Injection Period
(bezeichnet den Förderbeginn)

C
CAN: Controller Area Network
CCRS: Current Controlled Rate
Shaping, stromgeregelte Einspritz-
verlaufsformung
CR: Common Rail
CRS: Common Rail System

D
DI: Direct Injection, Dieselmotor mit
Direkteinspritzung

E
EDC: Electronic Diesel Control,
Elektronische Dieselregelung
EGS: Elektronische Getriebe-
steuerung
EKP: Elektrokraftstoffpumpe
ELAB: Elektrisches Abstellventil
EOBD: European OBD, europäische
On-Board-Diagnose
EPROM: Erasable Programmable
Read Only Memory,
löschbarer programmierbarer
Nur-Lese-Speicher
ESI[tronic]: Elektronische Service
Information (Bosch)
ESP: Elektronisches Stabilitäts-
programm

F
FGB: Fahrgeschwindigkeitsbegrenzung, Limiter

H
HE: Haupteinspritzung

I
IC: Integrated Circuit, integrierte
Schaltung
IDI: Indirect Injection, Dieselmotor
mit indirekter Einspritzung

L
LLR: Leerlaufregelung
LRR: Laufruheregelung
LSU: Breitband-Lambda-Sonde

M
MAR: Mengenausgleichsregelung

N
NE: Nacheinspritzung

O
OBD: On-Board-Diagnose

P
PDE: Pumpe-Düse-Einheit
(= Unit Injector System, UIS)
PF: Pumpe mit Fremdantrieb,
Einzeleinspritzpumpe
PLD: Pumpe-Leitung-Düse
(= Unit Pump System, UPS)
PSG: Pumpensteuergerät

R
RAM: Random Access Memory,
Schreib-Lese-Speicher

S
SCR: Selective Catalytic Reduction,
selektive katalytische Reduktion
von Stickoxiden
SEFI: Sequentielle Einspritzung
SRC: Smooth Running Control
(Mengenausgleichsregelung
für Nkw)

U
UI: Unit Injector
UIS: Unit Injector System
(= Pumpe-Düse-Einheit, PDE)
UISN: Unit Injector System für Nkw
UP: Unit Pump
UPS: Unit Pump System
(= Pumpe-Leitung-Düse, PLD)

V
VE: Voreinspritzung
VE-Pumpe: Axialkolben-Verteiler-
einspritzpumpe
VR-Pumpe: Radialkolben-Verteiler-
einspritzpumpe
VTG: Variable Turbinengeometrie
(Turbolader)

Z
ZDR: Zwischendrehzahlregelung

Sachwortverzeichnis

Printed in the United States
By Bookmasters